大学程序设计基础
实践指导

主　编◎朱晴婷

副主编◎刘　垚

　　　　裘奋华

华东师范大学出版社
上海

图书在版编目(CIP)数据

大学程序设计基础实践指导/朱晴婷主编. —上海:华东师范大学出版社,2020
ISBN 978-7-5760-0805-0

Ⅰ.①大… Ⅱ.①朱… Ⅲ.①程序设计−高等学校−教学参考资料 Ⅳ.①TP311.1

中国版本图书馆 CIP 数据核字(2020)第 157375 号

大学程序设计基础实践指导

主　　编　朱晴婷
责任编辑　蒋梦婷
特约审读　曾振柄
责任校对　施　旸
装帧设计　俞　越

出版发行　华东师范大学出版社
社　　址　上海市中山北路 3663 号　邮编 200062
网　　址　www.ecnupress.com.cn
电　　话　021−60821666　行政传真 021−62572105
客服电话　021−62865537　门市(邮购)电话 021−62869887
地　　址　上海市中山北路 3663 号华东师范大学校内先锋路口
网　　店　http://hdsdcbs.tmall.com

印 刷 者　上海龙腾印务有限公司
开　　本　787×1092　16 开
印　　张　10.75
字　　数　245 千字
版　　次　2020 年 10 月第 1 版
印　　次　2021 年 8 月第 2 次
书　　号　ISBN 978-7-5760-0805-0
定　　价　36.00 元

出 版 人　王　焰

(如发现本版图书有印订质量问题,请寄回本社客服中心调换或电话 021−62865537 联系)

前 言

程序设计基础是大学计算机基础教学的核心课程,其目的不是培养程序员,而是让学生理解机器是怎么思考的,学习驾驭机器的能力,培养编程思维,学会问题求解的基本方法。在程序的设计和编写训练中,学生可以逐渐形成分而治之、循序渐进、试错迭代的思维方式,从而更加适应当前互联网时代的需求。

本书是华东师范大学计算机科学教育教学部的教学用书《大学程序设计基础》的配套实践指导用书。程序设计是一门典型的实践课程,纸上谈兵无益,只有在编程训练的实践过程中,才能逐步形成编程思维,50 个以上程序的编写量是入门要求。本书提供了丰富的实验范例、综合实例、程序设计习题,编程实践基础部分可以提供在线自动评阅习题库,大作业实践提供参考代码,由浅入深,帮助学生逐步理解消化,达成学习目标。

本书共 14 个实践单元,包括:熟悉 Python 程序开发环境、简单 Python 程序、认识数据类型、批量数据的组织和计算、模块化的程序设计、文件、高维数据格式、面向对象的程序设计、异常、探究操作系统、图形界面编程初步、数据的爬取和分析、数据库操作、多线程和网络编程等。内容覆盖程序设计基础训练、课程设计拓展训练的需要。

本书由华东师范大学数据科学与工程学院计算机教学部的一线教师集体编写,具体分工如下:朱晴婷(实践 1、3、4)、刘垚(实践 5、6)、裴奋华(实践 9,10)、王志萍(实践 2)、刁庆霖(实践 8、11、13)、郑凯(实践 7、12)、陈优广(实践 14),最后由朱晴婷统稿。在编写过程中,部分实例应用了教学部的历年试题素材。本教材可作为普通高等院校和高职高专院校的第一门程序设计课程实验指导用书,并可为教师在 http://python123.org 网站上提供在线自动评阅的习题库。

本书讲义版在试用期间得到了教师们的反馈和指正意见,在此表示诚挚感谢。限于水平,不足之处在所难免,欢迎读者提出宝贵意见。作者联系邮箱:qtzhu@cc.ecnu.edu.cn。

编者

2020 年 10 月

目　录

实践 1 熟悉 Python 程序开发环境

『学习目标』

（1）熟悉交互平台——Python 指令执行方式。
（2）熟悉程序文件的创建和执行。
（3）阅读并执行程序，了解每条指令的功能。

1.1 Python IDLE 集成开发环境

IDLE 是 Python 软件包自带的集成开发环境，可以在 Windows"开始"菜单中找到菜单命令，打开 Python Shell 对话框，如图 1－1－1 所示。本书以 Python 3.7.4 版本为例。

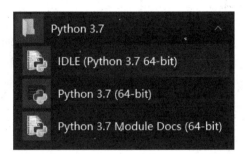 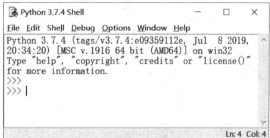

图 1－1－1　打开 IDLE

1.1.1 在 Python Shell 中执行程序命令

在命令提示符"＞＞＞"后输入：print("Hello Python World")，按 Enter 键后显示输出结果，如图 1－1－2 所示。

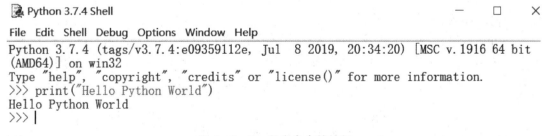

图 1－1－2　程序命令的执行

说明：
（1）print 是 Python 的标准输出函数，函数的功能是执行"打印"的功能。
（2）"Hello Python World"是字符串，在一对双引号中你可以输入任意文字，包括西文、中文和标点符号，但使用引号要慎重。

（3）一对圆括号是函数的标志，和 print 函数名配合使用，不可缺少。

（4）圆括号里的是函数的参数。此处是一个字符串，也就是 print 函数输出的内容。

1.1.2　创建程序

按快捷键 Ctrl＋N 打开一个新窗口，或在菜单中选择 File-NewFile 选项，打开程序文件的编辑窗口，如图 1－1－3 所示。

 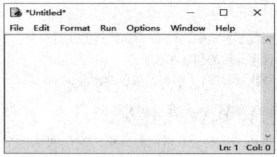

图 1－1－3　创建新程序

1.1.3　编辑程序：重要的事情说三遍

Python 程序文件编辑器是一个文本编辑器，需在编辑窗口逐条键入程序命令；左边顶格输入，不能加空格；一行一条程序命令，键入回车开始输入另一条程序命令。Python IDLE 会彩色显示不同的语法要素，帮助程序员识别一些输入错误。例如函数 print 的颜色是紫色的、字符串是绿色的等等。

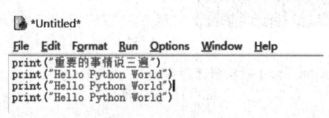

图 1－1－4　编辑程序

1.1.4　保存程序

Python 程序以 py 为后缀文件名的方式存储在计算机中，在保存程序文件的时候要注意文件的存储路径。按快捷键 Ctrl＋S 保存程序，或在菜单中选择 File-Save 选项。如图 1－1－5 所示，可键入文件名 fl1－1.py。直接运行程序也会启动保存操作。

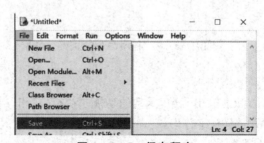

图 1－1－5　保存程序

1.1.5 运行程序

按快捷键 F5，或在菜单中选择 Run-Run Module 选项，如图 1-1-6 所示。

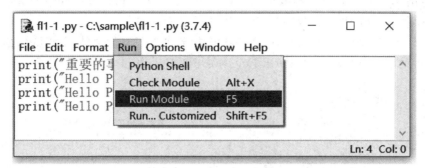

图 1-1-6 运行程序操作

程序的执行结果如图 1-1-7 所示。

```
>>>
========================== RESTART: C:\sample\f11-1.py ====
========================
重要的事情说三遍
Hello Python World!
Hello Python World!
Hello Python World!
>>>
```

图 1-1-7 运行结果显示

1.1.6 认识程序错误

如果第一条 print 语句中缺少双引号，执行 Run Module 命令时，程序不能运行，出现如图 1-1-8 所示情况。

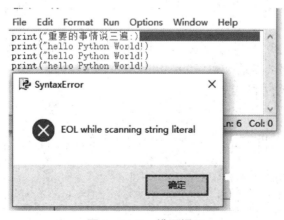

图 1-1-8 错误提示

也可以使用 Run-Check Module 检查语法错误，正确后再运行。

1.2 导学:阅读 Python 小程序

阅读程序的方法是在一个 Python IDE 环境中,打开程序,阅读理解程序语句,然后编译运行程序,观察程序运行的结果,验证自己的理解是否正确。

打开一个已存在的 Python 源程序文件的方法:选择要打开的文件,单击鼠标右键,弹出快捷方式,执行菜单命令 Edit with IDLE-Edit with IDLE 3.7(64－bit)打开文件。

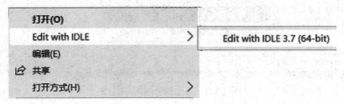

图 1－1－9　打开文件

1.2.1　阅读程序 FL1－2.py

```
s＝99999 * 99999
print(s)
```

对此程序简单解读如下:

(1) s 是一个变量,它引用不同数据。此处它引用 99999 * 99999 的计算结果。

(2) Python 语言允许采用大写字母、小写字母、数字、下划线_和汉字等字符及其组合给变量命名,但名字的首字母不能是数字,中间不能出现空格。

(3) Python 语言中,"＝"表示赋值运算,左侧变量 s 引用等号右侧的计算结果,包含赋值运算符(＝)的语句称为赋值语句。

(4) print 函数可以输出字符串,例如"Hello Python World",也可以直接输出变量(如 s 作为变量名)的值。

(5) Python 中不需要加符号表示语句结束,换行表示一条语句的结束。

(6) FL1－2 的程序功能是计算 99999 * 99999 并输出结果。

1.2.2　阅读程序 FL1－3.py

```
months＝"JanFebMarAprMayJunJulAugSepOctNovDec"
n＝4
monthAbbrev＝months[(n－1) * 3:(n－1) * 3＋3]
print(monthAbbrev)
```

对此程序简单解读如下:

(1) "JanFebMarAprMayJunJulAugSepOctNovDec"是一个字符串常量,一对西文双引号是字符串常量的界定符。

(2) months 是字符串变量。可以通过[]和下标来访问字符串中的一个或连续多个字符。

● 一个字符：month[i]，i 表示下标，下标从 0 开始，month[0]表示第一个字符。

● 多个字符：month[a:b]表示下标从 a 到 b－1 的子串。当 n＝1 时，month[0:3]表示'Jan'。

（3）FL1－3 的程序功能是通过计算从字符串 months 中读出第 n 月的月份缩写。

1.2.3　阅读程序 FL1－4.py

```
name=input("姓名:")
gender=input("性别:")
if gender=="男":
        print("{}先生,您好!".format(name))
else:
        print("{}女士,您好!".format(name))
```

对此程序简单解读如下：

（1）input 函数是一个标准输入函数，接受从键盘输入的字符串数据。函数的参数是一个字符串。执行 input 函数，首先会输出字符串，提示用户要输入的数据是什么，然后等待用户键盘输入数据，按回车键结束。程序开始的两条输入语句分别接受姓名和性别，数据类型为字符串。

（2）if 语句是一条选择语句，根据条件为真还是为假，进行不同的处理。基本使用方法如下：

```
if <条件>:
  <语句块 1>
else:
  <语句块 2>
```

（3）"＝＝"是关系运算符"等于"，判断左右两边是否相等，相等为 True，不相等为 False。注意和赋值运算符"＝"区分。

（4）Python 采用严格的"缩进（指每一行代码开始前的空白区域）"来表明程序的格式框架，即表示代码之间的包含和层次关系。语句块 1 向右缩进表示该语句为 if 的子句。语句块 2 向右缩进表示该语句为 else 的子句。

（5）FL1－4 的功能是输入姓名和性别，根据性别的不同，选择不同的称呼输出问候语。

1.2.4　阅读程序 FL1－5.py

```
n=int(input("n="))
s=0
for i in range(n+1):
        s=s+i
print("s=1+2+...{}={}".format(n,s))
```

对此程序简单解读如下：

（1）input 函数能够接受一个键盘输入的字符串。int 函数将输入的字符串转化整数，例如输入 100，第一条语句的功能为从键盘接受一个整数 100，赋值给变量 n。

（2）Python 通过保留字 for 实现迭代循环，基本使用方法如下：

```
for  <循环变量>  in  <可迭代对象>：
      <语句块>
```

（3）range(n+1)函数生成一个 0～n 的整数序列，变量 i 遍历取值整数序列 0～n 中的每一个整数，执行 s＝s＋i，实现将序列中每一个整数累加到 s。

（4）print 函数中使用字符串的 format 方法构造了一个格式输出串，每一个占位槽{}对应一个 format 函数的一个参数。此处第一个{}对应 n 的值，第二个{}对应 s 的值。

（5）FL1－5 的程序功能是输入一个 n，累计 1 到 n 的所有整数的和并输出。

1.2.5　阅读程序 FL1－6.py

```
nums=[12,50,21,56,8,19]
n=len(nums)
s=sum(nums)
average=s/n
print("average=",average)
```

对此程序简单解读如下：

（1）nums 是一个列表变量，其中存储了一组整数。

（2）len 和 sum 是内置函数，len 函数求一个序列的长度，可以计算列表、字符串等对象的长度。sum 函数是累加和函数，返回列表 nums 中所有整数的和。

（3）"/"是除法运算符，执行除法运算。

（4）FL1－6 的程序功能是求一组整数的平均值并输出。

1.2.6　阅读程序 FL1－7.py

```
from random import random
rnd=random() * 10
print(rnd)
```

对此程序简单解读如下：

（1）Python 提供了丰富的标准库，实现常用功能。random 是一个随机函数库，可以方便地调用库中的函数获取随机数。使用库中的函数时，需要使用 import 命令引入，基本用法是：

```
from<库>import<函数>
```

（2）random 函数是 Python 标准库 random 的一个函数，random 函数可以产生一个 0～1 之间的随机值。rnd 变量得到了一个小于 10 的浮点数。

（3）FL1‐6 的功能是调用标准库函数 random 获取一个 0～10 之间的浮点数。

1.2.7 阅读程序 FL1‐8.py

```
import random
#seed=int(input("send="))
#random.seed(seed)
a=random.randint(1,100)
b=random.randint(1,100)
c=a*b
print(a," * ",b," = ",c)
```

对此程序简单解读如下：

（1）当要使用库中多个函数时，可以直接 import＜库＞，调用函数时要调用时需要有 random 库名做前缀，例如 random.randint。

（2）randint 函数可以产生一个指定区间的随机整数值。例如 random.randint(1,100)产生一个 1～100 的整数。

（3）seed 函数设置随机数生成器的种子，相同的种子，生成随机数据的运行结果是相同的。输入相同的 seed 值，程序运行的结果是一样的。如果不设置 seed 值，随机函数每次执行的结果是随机的。可以将注释符号"#"删去，观察程序的运行结果，理解 seed 的作用。

（4）FL1‐7 的程序功能是求随机生成两个整数的乘积。

1.3 实验内容

1.3.1 按下面要求改写程序 FL1‐1.py

打开程序 fl1‐1.py，使用 for 语句改写程序，实现输出字符串"Hello Python World!"3 遍。程序保存为 sy1‐1.py。

1.3.2 按下面要求改写程序 FL1‐2.py

（1）增加变量 a 和 b，表示加法运算的 2 个操作数，改写加法的表达式。

（2）a 变量和 b 变量的值由用户输入，输入两个整数。

（3）保存为程序文件 sy1‐2.py。

1.3.3 按下面要求改写程序 FL1‐3.py

（1）实现程序功能：输入月份，输出对应的英文缩写。如果输入的月份不是 1～12，输出：月份输入错误。保存为程序文件 sy1‐3.py。

提示：判断 n 是否为 1～12 月份的条件表达式：

$$1<=n<=12$$

（2）实现程序功能：输出所有 12 个月的英文缩写。保存为程序文件 sy1‐4.py。

提示：range(m,n)会产生 m 到 n−1 的整数序列，表示 n 遍历 1,2,3…12 的 for 语句如下：

大学程序设计基础实践指导

```
for n in range(1,13):
    <语句>
```

1.3.4　编写程序,求随机整数的均值(选做)

实现程序功能:随机产生 10 个 100 以内整数,输出这些随机整数,输入区间下限 a 和上限 b($0 \leqslant a < b < 10$),求随机整数列表中从下标 a 到下标 b 之间的所有整数的平均值。假设产生的随机整数为[82,96,58,71,95,98,66,41,3,42],a=2,b=4,则求[58,71,95]的平均值为 74.666 666 666 666 67。保存为程序文件 sy1-6.py。

提示:random 模块中 sample(population,k)函数的作用为从一组组合数据 population 中随机选取 n 个元素,以列表类型返回。可以用 range 函数创建 1~100 的序列,再使用 sample 函数从序列中随机选取 10 个元素。

实践 2　简单的 Python 程序

『学习目标』

（1）理解三种控制结构。

（2）掌握简单 IPO 程序编写方法。

（3）掌握使用 input、print 函数完成输入输出。

（4）掌握使用赋值语句创建变量和变量访问的方法。

（5）理解选择结构的执行，并能编写简单的选择结构语句。

（6）理解循环结构的执行，并能编写简单的循环结构语句。

2.1　导学：Python 基本语法

2.1.1　关键字

关键字也是程序语言的保留字，不能把它们用作任何标识符名称。Python 的标准库提供了一个 keyword 模块，可以输出当前版本的所有关键字。

>>>import keyword

>>>keyword. kwlist

['False','None','True','and','as','assert','async','await','break','class','continue','def','del','elif','else','except','finally','for','from','global','if','import','in','is','lambda','nonlocal','not','or','pass','raise','return','try','while','with','yield']

2.1.2　对象和数据类型

Python 数据类型用类（class）定义，一个数据常量就是类的一个实例，也称为对象。例如 123 是 int 类的对象，可以称为整型对象，也称为整数。

1. 常量

（1）整数：int。

>>>type(1)

<class'int'>

（2）浮点数：float。

>>>type(1. 0)

<class'float'>

（3）复数：complex。

>>>type(2+5j)

<class'complex'>

（4）布尔类型：bool。

>>>type(True)

<class'bool'>

大学程序设计基础实践指导

(5) 字符串：str。

>>>type("Python")

<class 'str'>

(6) 列表：list。

>>>type([1,2,3,4,5])

<class 'list'>

(7) 元组：turple。

>>>type((1,2,3,4,5))

<class 'tuple'>

(8) 集合：set。

>>>type({1,2,2,3,4})

<class 'set'>

(9) 字典。

>>>type({"a":94,"c":96,"A":65,"C":67})

<class 'dict'>

请在 Python Shell 尝试输入各种数据类型的常量,注意每种常量的字面表示方式。

2. 变量

(1) 创建变量。

通过赋值语句可以创建变量。实质就是建立变量和对象的引用。

>>>s="Python"

>>>L=[10,20,30,40,50]

(2) 访问变量。

每个对象有对象 ID,对应它的内存存储空间。变量是对一个对象的引用,获取对象 ID 值。在程序运行过程中,变量的对象引用是可以改变的。通过赋值语句给一个变量赋值后,可以访问变量的值、id 和类型。重新赋值后,x 变量的值、id 和类型会随着重新赋值的数据发生相应的变化。

>>>s

'Python'

>>>id(s)

2417162199920

>>>type(s)

<class 'str'>

3. 可变对象和不可变对象

字符串是不可变对象,构成字符串的字符是不可改变的。列表是可变对象,对象中的数据项是可以改变的。

>>>s="Python"

>>>s[0]='p'   #不能局部改变字符串的字符

Traceback(most recent call last):

  File "<pyshell#35>",line 1,in<module>

    s[0]='p'

TypeError：'str' object does not support item assignment
>>>s="Python"　#要改变字符串的字符,只能重新赋值,引用新的字符串对象
>>>s
'Python'
>>>L＝list("Python")　　　#使用构造函数 list 将字符串转化为列表
>>>L
['P','y','t','h','o','n']
>>>L[0]='p'　　#列表是可变对象,可以局部改变列表中的元素
>>>L
['p','y','t','h','o','n']

2.1.3　赋值语句

1. 连续赋值

将变量 x,y,z 初始化为 0

>>>x＝y＝z＝0
>>>x,y,z
(0,0,0)

2. 同步赋值语句

输入两个整数,交换两数。

>>>x,y＝int(input()),int(input())
35
27
>>>x,y
(35,27)
>>>x,y＝y,x
>>>x,y
(27,35)

3. 复合赋值语句

>>>i＝1
>>>i＝i＋1
>>>i
2
>>>i＋＝1
>>>i
3

2.1.4　输入与输出

1. 输入语句

(1) 输入字符串。

>>>s＝input("请输入：")
请输入：I like Python!
>>>s

'I like Python!'

(2) 输入数值数据,要进行数据类型转换。

>>>n=int(input("请输入一个整数:"))

请输入一个整数:<u>100</u>

>>>n

100

>>>x=float(input("请输入一个浮点数:"))

请输入一个浮点数:<u>100</u>

>>>x

100.0

2. 输出语句

(1) 输出一个字符串。

>>>print("Hello,Python!")

Hello,Python!

(2) 输出一个变量。

>>>x,y=10,20

>>>print(x)

10

(3) 输出一个表达式。

>>>print(x+y)

30

(4) 输出多个数据,每个数据之间以空格分隔。

>>>print("x=",x,",y=",y)

x= 10 , y= 20

>>>print("x+y=",x+y)

x+y= 30

(5) 格式化输出。

>>>x,y=74.5,13.8

>>>print("{}/{}={}".format(x,y,x/y))

74.5/13.8=5.398550724637681

>>>print("{:.2f}/{:.2f}={:.2f}".format(x,y,x/y))

74.50/13.80=5.40

>>>

2.1.5 内置函数和标准模块

1. 内置函数

(1) 数值函数。

>>>x=float(input("请输入一个浮点数:"))

请输入一个浮点数:−27.49

>>>x=abs(x)

>>>x

27.49

```
>>>y=pow(x,3)
>>>y
20774.195748999995
>>>z=round(y,3)
>>>z
20774.196
>>>n=int(y)
>>>n
20774
```

(2) 操作序列的函数。

```
>>>s="I like Python!"
>>>len(s)
14
>>>L=[34,67,83,72,910]
>>>max(L),min(L)
(910,34)
>>>sum(L)/len(L)
233.2
```

2. 标准函数

(1) math 库。

math 库是标准数学库,包含了 45 个常用数学函数和 5 个数学常量。

```
>>>from math import sqrt          #导入函数 sqrt
>>>y=20774.195748999995
>>>sqrt(y)                        #求 y 的平方根
144.13256311118593
>>>import math                    #导入模块 math
>>>math.pi                        #圆周率 π
3.141592653589793
>>>math.factorial(10)             #求阶乘
3628800
>>>math.gcd(36,8)                 #求公约数
4
>>>math.trunc(129.98)             #截尾求整
129
```

(2) random 库。

random 库是标准随机数库。常用的函数示例如下:

```
>>>import random
>>>random.random()                #获取一个小于 1 的随机小数
0.7275989375393065
```

实践 2　简单的 Python 程序

```
>>>random. randint(100,200)        #获取[a,b]之间的整数
104
>>>random. randrange(1,99,3)       #获取从 a 到 b-1,步长为 c 的序列中的随机一个整数
79
>>>random. uniform(100,200)        #获取[a,b]之间的随机浮点数
181.7045705339964
>>>L=[45,78,25,92,63,31,37]
>>>random. choice(L)               #随机从列表中选取一个数
78
>>>random. shuffle(L)              #将列表 L 的随机排列后返回列表
>>>L
[78,31,63,25,37,92,45]
>>>random. sample(L,3)             #从列表中随机取 k 个值,返回列表
[92,31,37]
```

2.2 案例:求解 BMI 问题

BMI 指数(即身体质量指数,英文为 Body Mass Index,简称 BMI),是反应体内脂肪总量的指标,BMI 指数的计算方法如下图所示。

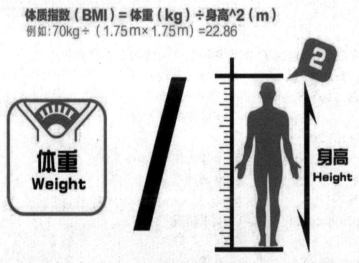

图 2-2-1　BMI 的计算方法

计算 BMI 指数可用于评价身体状况。用于评价身体状况的指标等级分为以下四部分:

● 轻体重:BMI<18.5

● 健康体重:18.5≤BMI<24

● 超重:24≤BMI<28

● 肥胖:28≥BMI

该指标考虑了体重和身高两个因素,比单一按体重衡量人体胖瘦程度以及是否健康更加客观准确。例如:一个人的身高为 1.75 米,体重为 70 千克,他的 BMI=70/(1.75 * 1.75)=

22.86。查阅 BMI 的指标分类表,当 BMI 指数为 18.5~24.9 时属"标准"。最理想的 BMI 值是 22。

本节将讨论 BMI 问题的三个子任务:计算 BMI 值、判断 BMI 指标等级、打印 BMI 对照表,从 BMI 实例开始学习 Python 语言程序的编写,了解 IPO 程序编写方法,体验程序设计的一般过程。

2.2.1 计算 BMI 值(顺序结构)

【例 2-1】 编写程序,根据体重和身高计算 BMI 值。该问题的 IPO 描述如下:

输入:身高和体重

处理:计算 BMI=体重(kg)÷身高^2(m^2)

输出:BMI 值

1. 分析问题

(1)问题。

将已获取的身高体重输入到计算机,求解 BMI 值。

(2)解决方法。

获取一个人的身高和体重,通过 BMI 计算公式计算得到 BMI 值。

(3)数据描述。

已知数据:身高 height 和体重 weight。

求解数据:体质指数 BMI。

2. 设计算法

本例是一个典型的 IPO 问题,分三步,顺序执行每一个步骤。每一个算法无论简单复杂,都是一个顺序结构的算法,体现了程序从上至下、逐条执行的执行顺序。

算法描述

1　输入身高 height 和体重 weight

2　计算 BMI=weight/height^2

3　输出 BMI

计算机程序的指令是一条条顺序执行下来的,在上一条指令没有执行完成的情况下,不会执行接下来的语句。这就是程序基本结构中的顺序结构。

3. 编写程序

根据算法逐条用 Python 语言实现,程序的前两行是输入,第三行进行数值运算,最后一行对 BMI 的结果 value 进行输出。

【例 2-2-1】 计算 BMI 值(FL2-1.py)

```
height=float(input("请输入你的身高(m):"))
weight=float(input("请输入你的体重(kg):"))
value=weight/pow(height,2)
print("你的 BMI 指数为{:.2f}".format(value))
```

input 函数的作用是从控制台接收用户输入,接受的是一个字符串数据。float 函数的作用是将接受的字符串转化为浮点数。通过赋值语句,将数据对象赋值给变量 height 和 weight。input 函数中的字符串是输入时的提示文字,提示用户需要输入的数据内容。

第三条语句的右边是一个算术表达式,它通过变量 weight 和 height 计算出 BMI 指数,再赋值给左边的变量 value。pow()函数是一个数学函数,用来求 x 的 n 次方,例如 pow(height, 2)计算身高 height 的平方。

print()函数输出最后的输出结果。此例中使用字符串的 format 函数构造了一个格式字符串。格式字符串中使用槽格式和 format()方法可以把变量 value 和字符串结合到一起。待输出的内容就是模板,通过一对花括号{}进行占位,该占位部分对应变量 value 的值。花括号中的内容(例如{:.2f})是变量 value 输出的具体格式,{:.2f}表示保留两位小数。

4. 调试运行

程序运行时,用户输入身高和体重的值,输出计算得到的 BMI 值。

```
>>> #运行实例 1
请输入你的身高(m):1.65
请输入你的体重(kg):52.5
你的 BMI 指数为 19.28
>>> #运行实例 2
请输入你的身高(m):1.71
请输入你的体重(kg):78
你的 BMI 指数为 26.67
```

请思考在哪些情况下,程序会运行出错?

以下提示可供读者参考:

(1) 输入一些非数值型的数据,例如字符串。

(2) 输入一些特殊的数据,例如身高是 0。

(3) 输入很大的数据,例如 100 万、1 000 万、1 亿、10 亿……

(4) 不输入数据,直接按回车。

现阶段似乎还不能解决部分输入问题和数据类型不符问题,但是随着学习的深入,我们就会掌握足够的知识去处理这些异常。

2.2.2 判断 BMI 指标等级(选择结构)

编写程序,根据体重和身高来判断 BMI 指标等级。该问题的 IPO 描述如下:

输入:身高和体重

处理:STEP1:计算 BMI=体重(kg)÷身高^2(m^2)

STEP2:根据计算得到的 BMI 值判断指标等级

输出:BMI 指标等级

1. 分析问题

(1) 明确问题。

用户输入身高体重后,告知用户其 BMI 指标等级。

(2) 解决方法。

获取一个人的身高和体重,先通过 BMI 计算公式计算得到 BMI 值,然后对 BMI 值进行判断指标等级操作。

数据描述:

已知数据:身高 height 和体重 weight

求解数据:体质指数 BMI、指标等级

2. 设计算法

2.1.1 节的程序已经能够根据身高和体重计算 BMI 指数,只需要继续实现分支判断即可。

算法描述

1　输入身高 height

2　输入体重 weight

3　计算 BMI＝weight/height^2

4　如果 BMI＞＝28 则 等级＝肥胖

　　如果 BMI＜18.5 则 等级＝轻体重

　　如果 18.5≤BMI＜24 则 等级＝健康体重

　　如果 24≤BMI＜28 则 等级＝超重

5　输出 BMI 指标等级

3. 编写程序

(1) 使用 if 语句判断指标等级。

为了判断 BMI 指标等级,实际上要做的就是判断变量 value 的数值最终落入哪一个区间。本任务中一共有四个区间,分别为轻体重、健康体重、超重和肥胖。最容易想到的方法是使用四个 if 语句。

【例 2-2-2】 使用 if 语句判断指标等级(FL2-2-1.py)。

```
height＝float(input("请输入你的身高(m):"))
weight＝float(input("请输入你的体重(kg):"))
value＝weight/pow(height,2)
if value<18.5:
    print("轻体重")
if 18.5<＝value<24:
    print("健康体重")
if 24<＝value<28:
    print("超重")
if 28<＝value:
    print("肥胖")
```

在例 2-2-2 中,一共有 4 条 if 语句,分别判断 value 的值是不是在轻体重、健康体重、超重和肥胖之间,如果 value 的值满足了某一个 if 中的判断条件,那么就执行 if 语句内,同一缩进层次下的所有代码。

可以看到,4 条 if 语句对 value 的判断囊括了整个有理数集,一般情况下,给定任意数值,程序都会有输出。

Python 与 C++/Java 不同,Python 允许使用类似于 18.5≤value<24 的表达式语句,它等价于 18.5≤value and value<24。但是可以发现写 4 个 if 语句的效率不高,对于每个 if 条件它都必定判断一次,哪怕 BMI 指数的数值已经落入了之前的区间,并且这个数值已经不会再落入之后的区间。

(2) 使用 if-elif-else 语句判断指标等级。

使用 if-elif-else 语句则不会做这么多无用的操作。if-elif-else 满足了一个条件之后,执行该条件下的语句块,然后跳出该选择结构。如果都不满足,则执行 else 分支下的语句块。例 2-2-2 使用 if-elif-else 结构改写了原程序。请读者对照例 2-2-1 与例 2-2-2,比较仅使用 if 语句和使用 if-elif-else 结构的差别。

【例 2-2-3】 使用 if-elif-else 结构改写原程序(FL2-2-2.py)

```python
height=float(input("请输入你的身高(m):"))
weight=float(input("请输入你的体重(kg):"))
value=weight/pow(height,2)
if value<18.5:
    print("轻体重")
elif 18.5<=value<24:
    print("健康体重")
elif 24<=value<28:
    print("超重")
else:
    print("肥胖")
```

通过 if-elif-else 语句,程序按顺序依次判断每个分支的条件。一旦条件匹配成功,进入分支执行分支语句,然后继续执行 if-elif-else 后面的语句,之后的分支条件表达式将不再运算,这样做可以使程序运行的效率提升。

(3) 改进程序。

先给出例 2-2-3 的程序,请观察改动部分,并尝试根据 if-elif-else 的特性,指出这样做的原因。

【例 2-2-4】 改进了例 2-2-3 条件表达式之后的程序(FL2-2-3.py)

```python
height=float(input("请输入你的身高(m):"))
weight=float(input("请输入你的体重(kg):"))
value=weight/pow(height,2)
if value<18.5:
    print("轻体重")
```

```
elif value<24：
    print("健康体重")
elif value<28：
    print("超重")
else：
    print("肥胖")
```

通过对比例 2 - 2 - 3 与例 2 - 2 - 4，可以发现，在两个 elif 条件判断中的表达式简洁了一些。

多分支结构依次评估条件 1，条件 2，…，直到找到第一个结果为 True 的条件，按照 BMI 问题来举例，在进行第一个分支(value<18.5)的判断的时候，如果不满足第一个分支条件，那么在进行接下来的分支选择时，是已经默认了 value 是大于等于 18.5 的。所以，在第二个分支入口处判断 18.5<＝value 实际上是没有意义的，这仅仅会增加程序运行的开销。对于第三个分支(24<＝value<28)也是相同的原理。

4. 调试运行

当编辑程序完成，并消除了语法错误，程序可以运行，并不代表程序是正确的，还要通过测试来检查程序的正确性，需要设计测试用例来检查程序的运行是否达到预期的设计目标。

测试用例(Test Case)是为某个特殊目标而编制的一组测试输入、执行条件以及预期结果，以便测试某个程序路径或核实是否满足某个特定需求。

本例中包含多分支语句，在对多分支语句的测试用例的设计中，最起码的测试用例设计要包含所有的分支和节点值。在本例中，多分支的测试要测试 4 个分支和 3 个节点值。测试用例设计如下所示。前 4 个测试用例测试进入分支是否正确，后三个测试用例测试节点值进入分支是否正确。

序号	测试目标	测试用例		BMI 值	指标
1	value<18.5	身高：1.58	体重：44.9	17.83	轻体重
2	value<24	身高：1.71	体重：62	21.20	健康体重
3	value<28	身高：1.73	体重：75	25.06	超重
4	value>＝28	身高：1.61	体重：74.3	28.66	肥胖
5	value＝＝18.5	身高：1.75	体重：56.66	18.50	健康体重
6	value＝＝24	身高：1.65	体重：65.35	24.00	超重
7	value＝＝28	身高：1.64	体重：75.33	28.00	肥胖

2.2.3 打印 BMI 对照表(循环结构)

编写程序打印 BMI 对照表。

该问题的 IPO 描述如下：

输入：无

处理:从 1.5 m、50 kg 开始,到 1.9 m、90 kg 终止,分别以 0.1 m、10 kg 为步长计算 BMI 值。

输出:BMI 对照表。

1. 分析问题

(1)明确问题。

从食堂里的菜价表,到计算机还未普及时用到的对数表,现实世界里,我们可以看到各种各样的表格。查表是一种效率很高的方式,假设用户既没有计算机程序,又不懂得如何计算 BMI 值,那么我们也可以为他提供一张 BMI 表,他可以根据 BMI 对照表来估计自己的 BMI 值。

一张 BMI 对照表如图 2-1-2 所示。纵向为身高,其步长为 0.03 米;横向为体重,步长为 3 千克。步长越小,用户通过查表得知的 BMI 指数就越精确。

m\kg	40	43	46	49	52	55	58	61	64	67	70	73	76	79	82	85	88	91	94	97	100
1.45	19.0	20.5	21.9	23.3	24.7	26.2	27.6	29.0	30.4	31.9	33.3	34.7	36.1	37.6	39.0	40.4	41.9	43.3	44.7	46.1	47.6
1.48	18.3	19.6	21.0	22.4	23.7	25.1	26.5	27.8	29.2	30.6	32.0	33.3	34.7	36.1	37.4	38.8	40.2	41.5	42.9	44.3	45.7
1.51	17.5	18.9	20.2	21.5	22.8	24.1	25.4	26.8	28.1	29.4	30.7	32.0	33.3	34.6	36.0	37.3	38.6	39.9	41.2	42.5	43.9
1.54	16.9	18.1	19.4	20.7	21.9	23.2	24.5	25.7	27.0	28.3	29.5	30.8	32.0	33.3	34.6	35.8	37.1	38.4	39.6	40.9	42.2
1.57	16.2	17.4	18.7	19.9	21.1	22.3	23.5	24.7	26.0	27.2	28.4	29.6	30.8	32.0	33.3	34.5	35.7	36.9	38.1	39.4	40.6
1.60	15.6	16.8	18.0	19.1	20.3	21.5	22.7	23.8	25.0	26.2	27.3	28.5	29.7	30.9	32.0	33.2	34.4	35.5	36.7	37.9	39.1
1.63	15.1	16.2	17.3	18.4	19.6	20.7	21.8	23.0	24.1	25.2	26.3	27.5	28.6	29.7	30.9	32.0	33.1	34.3	35.4	36.5	37.6
1.66	14.5	15.6	16.7	17.8	18.9	20.0	21.0	22.1	23.2	24.3	25.4	26.5	27.6	28.7	29.8	30.8	31.9	33.0	34.1	35.2	36.3
1.69	14.0	15.1	16.1	17.2	18.2	19.3	20.3	21.4	22.4	23.5	24.5	25.6	26.6	27.7	28.7	29.8	30.8	31.9	32.9	34.0	35.0
1.72	13.5	14.5	15.5	16.6	17.6	18.6	19.6	20.6	21.6	22.6	23.7	24.7	25.7	26.7	27.7	28.7	29.7	30.8	31.8	32.8	33.8
1.75	13.1	14.0	15.0	16.0	17.0	18.0	18.9	19.9	20.9	21.9	22.9	23.8	24.8	25.8	26.8	27.8	28.7	29.7	30.7	31.7	32.7
1.78	12.6	13.6	14.5	15.5	16.4	17.4	18.3	19.3	20.2	21.1	22.1	23.0	24.0	24.9	25.9	26.8	27.8	28.7	29.7	30.6	31.6
1.81	12.2	13.1	14.0	15.0	15.9	16.8	17.7	18.6	19.5	20.5	21.4	22.3	23.2	24.1	25.0	25.9	26.9	27.8	28.7	29.6	30.5
1.84	11.8	12.7	13.6	14.5	15.4	16.2	17.1	18.0	18.9	19.8	20.7	21.6	22.4	23.3	24.2	25.1	26.0	26.9	27.8	28.7	29.5
1.87	11.4	12.3	13.2	14.0	14.9	15.7	16.6	17.4	18.3	19.2	20.0	20.9	21.7	22.6	23.4	24.3	25.2	26.0	26.9	27.7	28.6
1.90	11.1	11.9	12.7	13.6	14.4	15.2	16.1	16.9	17.7	18.6	19.4	20.2	21.1	21.9	22.7	23.5	24.4	25.2	26.0	26.9	27.7
1.93	10.7	11.5	12.3	13.1	14.0	14.8	15.6	16.4	17.2	18.0	18.8	19.6	20.4	21.2	22.0	22.8	23.6	24.4	25.2	26.0	26.8
1.96	10.4	11.2	12.0	12.8	13.5	14.3	15.1	15.9	16.7	17.4	18.2	19.0	19.8	20.6	21.3	22.1	22.9	23.7	24.5	25.2	26.0
1.99	10.1	10.9	11.6	12.4	13.1	13.9	14.6	15.4	16.2	16.9	17.7	18.4	19.2	19.9	20.7	21.5	22.2	23.0	23.7	24.5	25.3

图 2-1-2　BMI 对照表

(2)解决方法。

通过观察 BMI 对照表,可以看出要计算的数值之繁多。图 2-1-2 所示的 BMI 对照表一共有 439 个数据,而且这张表还达不到十分精确。如果要在程序中手动输入这 439 个数据这实在是一件费时费力的事情。

本小节的问题的解决方法:根据步长和上下限,取不同的身高体重值,并计算它们的 BMI 指数。与此同时,打印这些数据,按照表格形式对齐。

(3)数据描述。

已知数据:打印 BMI 表的身高和体重的上下限、身高和体重的步长。

求解数据:输出 BMI 对照表

2. 设计算法

编程打印一张 BMI 对照表需要用到循环结构,根据 BMI 对照表逐行逐列实现,先按身高建立外层循环结构,循环体解决一行的数据。再按体重建立内层循环结构,循环体计算并输出一个 BMI 值。本算法身高步长调整为 0.1 m,体重调整为 10 kg。

算法描述

1 打印 BMI 对照表的第一行
2 循环 从 1.5 m 到 1.9 m,步长为 0.1 m
　2.1 打印当前身高值
　2.2 循环 从 50 kg 到 90 kg,步长为 10 kg
　　2.2.1 计算当前身高体重下的 BMI 值
　　2.2.2 输出 BMI 值
　2.3 换行

3. 编写程序

【例 2-2-5】 打印 BMI 对照表(FL2-3.py)

```python
print("m\kg",end='\t')
for weight in range(50,91,10):
    print(str(weight)+"kg",end='\t')
print()
for height in range(150,191,10):
    height=height/100
    print(str(height)+"m",end='\t')
    for weight in range(50,91,10):
        value=weight/height**2
        print("{:.1f}".format(value),end='\t')
    print()
```

例 2-2-5 的运行结果如下:

m\kg	50 kg	60 kg	70 kg	80 kg	90 kg
1.5 m	22.2	26.7	31.1	35.6	40.0
1.6 m	19.5	23.4	27.3	31.2	35.2
1.7 m	17.3	20.8	24.2	27.7	31.1
1.8 m	15.4	18.5	21.6	24.7	27.8
1.9 m	13.9	16.6	19.4	22.2	24.9

说明:

(1) print 函数的 end 参数。

在打印 BMI 对照表的任务中,为了使打印出来的表格更加美观,每行的各个元素之间使用一个 Tab 键进行分割。通过为 print 函数指定 end 参数的值,可以不让 print 函数在每次输出完毕之后换行。在 Python 中,换行符用转义字符\n 表示,一个 Tab 键用转义字符\t 表示。所以,用 Tab 键分割每行打印的元素可以用语句 print("某个元素",end='\t')来实现。

如果 end 参数被省略,默指定参数 end='\n'。如果仅仅想换行,而不输出任何内容,可以简单使用 print()语句来实现。

程序的第 1 行至第 4 行打印 BMI 对照表第一行,它还可以分为三个部分:第一部分打印"m\kg",第二部分循环打印从 50 kg 到 90 kg,第三部分则是打印换行符。

(2) range()函数。

range()函数一般与 for 循环配套使用。range()函数可以生成一个可迭代对象,for 循环依次遍历这个可迭代对象中各个元素的值。其使用方法主要有两种:

range(＜整数值＞)

range(＜起始值＞,＜结束值＞[,＜步长＞])

注意,range()函数中的所有参数都必须为整数。所以本例中身高先以厘米为单位,使用 range 函数获取从 150 到 190 的可迭代对象,在计算 BMI 值前再除以 100 换算为以米为单位。

使用 for 语句可以很方便地实现本例算法描述的循环结构。使用 range(150,191,10)给出身高 height 的递增数据集,使用 range(50,91,10)给出体重 weight 的递增数据集。以身高为外层循环控制变量,对每一个身高值,计算不同的体重下的 BMI 值,作为一行的数据。

(3) str()函数的使用。

输出体重表标题时,输出的是"50 kg"、"60 kg",以此类推,并非仅仅输出整数,而是在这之后增加了单位"kg"。

两个字符串可以用加号进行连接,注意加号两边都必须是字符串。Python 是不允许数值和字符串直接相拼接的,要先通过 str()函数将数值转换为字符串,然后用加号进行字符串的连接。若 value＝50,要输出字符串"50 kg",可以通过

print(str(value)＋"kg")

来达到预期效果。

4. 调试运行

请运行例 2-2-5,观察该 Python 程序能否达到打印 BMI 对照表的效果。

读者可以修改身高和体重的上限值和下限值、身高和体重的步长、保留的小数位数,观察程序运行结果发生了哪些变化。

如果发现打印出来的表格没有对齐,能否自行查找原因,在某些位置添加或减少制表符"\t",尽可能达到对齐的效果,来提升 BMI 对照表的质量。

最后,你能否从该 BMI 对照表中估计自己的 BMI 值? 如果不能,请分析原因,并再次改写程序,尝试用你自己打印的 BMI 对照表来预估自己的 BMI 值。

2.3　简单的 Python 程序设计

2.3.1　比较两数大小

打开程序文件 sy2-1.py,程序实现的功能为输入两个整数,比较两个数的大小,输出较大数,如果相等,输出"两数相同!"的。修改下列程序,使之正常运行。

```
x=input()
y=input()
if(x=y):
print("两数相同!")
elif(x>y):
print("较大数为：",x)
else(x<y):
print("较大数为：",y);
```

2.3.2　判断三角形并计算面积

创建程序 sy2 - 2. py,程序实现的功能为输入三个浮点数 a,b,c,判断能否以它们为三个边长构成三角形。若能,输出 YES 和三角形面积值,否则输出 NO。输入输出请参看运行示例。

运行示例一
```
>>>
a=3.4
b=1.2
c=6.7
NO
```
运行示例二
```
>>>
a=2.3
b=5.6
c=4.1
YES
4.107554016686819
```

2.3.3　一元二次方程的求解

（1）打开文件 sy2 - 3 - 1. py,程序实现功能:使用求根公式计算一元二次函数($ax^2+bx+c=0$)的解 x_1 和 x_2。（假设该一元二次函数有两个不同的实数根）

一元二次函数的求根公式如下:

$$x=\frac{-b\pm\sqrt{b^2-4ac}}{2a}$$

下面给出程序的部分代码,将划线部分填写完整。

```
#sy2-6-1.py
import math
# sqrt 函数用来求平方根,需要导入 math 库来使用
a=float(input("a="))
b=float(_____("b="))
c=_____

delta=pow(b,2)-_____
x1=(-b+math.sqrt(delta))/(2*a)
x2=(-b-math.sqrt(delta))/(2*a)
print("x1={:.2f}".format(x1))
print(_____)
```

如果填空正确,程序的运行结果如下:

```
a=1
b=2
c=-3
x1=1.00
x2=-3.00
```

(2) 打开文件 sy2-3-2.py,程序实现功能:写一个分支结构,判断一元二次函数($ax^2+bx+c=0$)的实数根的个数。

其中,$\Delta=b^2-4ac.$

当 $\Delta>0$ 时,方程有两个不相等的实数根;

当 $\Delta=0$ 时,方程有两个相等的实数根;

当 $\Delta<0$ 时,方程没有实数根。

下面给出程序的部分代码,将划线部分填写完整。

```
#sy2-6-2.py
a=float(input("a="))
b=float(input("b="))
c=float(input("c="))

delta=pow(b,2)-4*a*c

if _____:
    print("方程有两个不相等的实数根")
```

```
elif delta==0：
    print("方程有两个相等的实数根")
____：
    print("方程没有实数根")
```

如果填空正确,程序的运行结果如下：

```
a=1
b=2
c=-3
方程有两个不相等的实数根
a=1
b=2
c=1
方程有两个相等的实数根
a=1
b=1
c=1
方程没有实数根
```

(3) 创建文件 sy2-3-3.py,程序实现功能：求解一元二次方程($ax^2+bx+c=0$)的实数根。程序从控制台接收 a、b 和 c,根据不同的实数根的个数打印出不同的输出。
- 如果有两个不同的实数根 $x_1=1$ 和 $x_2=2$,输出"x1=1,x2=2";
- 如果有两个相同的实数根均为 1,输出"x1=x2=1";
- 如果没有实数根,则输出"无解"。

2.3.4　计算 N 的阶乘

(1) 阶乘问题的 IPO 描述。

```
输入：
处理：
输出：
```

(2) 算法设计。

为解决阶乘问题,可以使用(　　　)结构。

通过与求 $1+2+\cdots+N$ 相似的思路,使用迭代循环的结构来计算 N 的阶乘。计算阶乘的时候,需要将累乘器的初值设置为 1。

请将算法描述补充完整：

```
1  输入 N
2  设置累乘器 p 的初值为 ____
3  循环 i 从 ____ 到 ____，步长为 ____
   3.1  _____
4  输出 _____ 的值
```

（3）编写程序。

打开程序文件 sy2-4.py，根据算法描述编写程序：

```
N=_____
p=_____
for _____:
    _____
print(_____)
```

（4）测试程序。

运行示例如下：

```
>>>
input N:5
5! =120
>>>
```

请设计测试用例来验证程序的正确性，并将实验结果填入下表。

N	0	5	10	15
N!				

2.3.5 九九乘法表的打印

```
1*1=1
1*2=2    2*2=4
1*3=3    2*3=6    3*3=9
1*4=4    2*4=8    3*4=12   4*4=16
1*5=5    2*5=10   3*5=15   4*5=20   5*5=25
1*6=6    2*6=12   3*6=18   4*6=24   5*6=30   6*6=36
1*7=7    2*7=14   3*7=21   4*7=28   5*7=35   6*7=42   7*7=49
1*8=8    2*8=16   3*8=24   4*8=32   5*8=40   6*8=48   7*8=56   8*8=64
1*9=9    2*9=18   3*9=27   4*9=36   5*9=45   6*9=54   7*9=63   8*9=72   9*9=81
```

图 2-3-1 九九乘法表

（1）阶乘问题的 IPO 描述。

输入：

处理：

输出：

（2）算法设计。

首先分析问题。打印九九乘法表显然需要用到两层循环嵌套。控制台中的字符是从左到右的依次打印的，那么打印的第一行内容就是 $1*1=1$，第二行是 $1*2=2$ 和 $2*2=4$。为便于直观理解程序，将九九乘法表的被乘数（第一个数）命名为 first，乘数（第二个数）命名为 second。在每一行中，被乘数依次递增，乘数不变，所以乘数 second 为外层循环控制变量，被乘数 first 为内层循环控制变量。

图 2-3-1 中，九九乘法表的每行输出的项数是不一样的，这也使每次内层循环的循环次数不一样。第一次内层循环打印的是 $1*1=1$，第二次内层循环打印的是 $1*2=2$ 和 $2*2=4$。第三次打印的是 $1*3=3$、$2*3=6$ 和 $3*3=9$，以此类推，那么，每次内层循环打印的九九乘法表的项数递增，项数与外层循环控制变量 first 的值相同。如果是乘法表的第九行，那被乘数就是从 1 到 9，乘数固定为 9。

每输出乘法表的一项，用一个 Tab 键分割。在一次内层循环结束后，输出换行符。

算法描述如下：

1　循环乘数（second）从 1 到 9，每次递增 1

　1.1　循环被乘数（first）从 1 到 second，每次递增 1

　　　1.1.1　打印本项（first * second）

　1.2　换行

（3）编写程序。

创建程序文件 sy2-5.py，请根据算法描述编写程序。

实践 3 认识数据类型

『 学 习 目 标 』

（1）熟练书写算术类型数据的常量表示、变量定义，能运用算术运算符和 math 系统函数实现计算。

（2）熟练书写字符串数据的常量表示，能掌握简单的字符串操作和函数实现计算。

（3）能掌握数值数据的典型问题的算法设计。

（4）能掌握文本数据的典型问题的算法设计。

3.1 认识 Python 的数据

3.1.1 认识基本数据类型、表示和运算

1. 识别表达式结果的数据类型

直接在交互环境下输入以下表达式并查看结果。

① 23＋3 ② 23＞3 ③'23'＋'3' ④ 23/3 ⑤ 23//3 ⑥ 23％3 ⑦ 23＊＊3

```
>>>23+3
26
>>>23>3
True
>>>'23'+'3'
'233'
>>>23/3
7.666666666666667
>>>23//3
7
>>>23%3
2
>>>23**3
12167
```

注意：命令行提示符后不要插入空格，否则会引起系统错误。

```
>>> 23%3
SyntaxError：unexpected indent
```

问题：

表达式结果为整数类型的编号：＿＿＿＿＿＿＿＿＿＿＿＿。

表达式结果为浮点数类型的编号：＿＿＿＿＿＿＿＿＿＿＿。

表达式结果为字符串类型的编号：＿＿＿＿＿＿＿＿＿＿＿。

说说 ＊＊、/、％表示什么运算：＿＿＿＿＿＿＿＿＿＿＿＿＿＿。

2. 混合运算

直接输入以下表达式并查看结果。

① 23＋24.5　② 23＋'3'　③ 23＋int('3')　④ 'hello'＋str(123)　⑤ int(23/3)　⑥ round(23/3,2)　⑦ round(23/3)

(1) 不同的数据类型进行运算时,会进行类型的转换,整型数据和浮点数据相遇,整型数据转化为浮点类型。

>>>23＋24.5

47.5

(2) 当自动类型转化不成功或出现系统错误,例如整型与字符串类型相加出错。

>>>23＋'3'

Traceback(most recent call last)：

　File "<pyshell#9>",line 1,in<module>

　　23＋'3'

TypeError：unsupported operand type(s)for＋：'int'and'str'

(3) 但可以通过类型转化函数,显示完成数据类型转换后计算。

>>>23＋int('3')

26

>>>'hello'＋str(123)

'hello 123'

(4) int 函数还可以完成对浮点数取整的功能。

>>>int(23/3)

7

(5) round 函数的功能更为灵活,可以按指定位取整,四舍五入。第二个参数指定取整位置,n 表示小数点后 n 位,缺省表示没有小数点。

>>>round(23/3,2)

7.67

>>>round(23/3)

8

上述表达式的计算过程中发生了数据类型自动转化的有：＿＿＿＿＿＿＿＿＿＿＿。

发生了数据类型强制转化的有：＿＿＿＿＿＿＿＿＿＿＿。

3. 使用赋值语句创建变量

直接输入变量赋值语句并接着显示该变量值或类型。

输入:a＝23.5,再输入:a 显示该变量值,最后输入:type(a)显示变量类型;

>>>a＝23.5

>>>a

23.5

>>>type(a)

<class'float'>

输入:b＝a>0,再输入:b 显示该变量值,最后输入:type(b)显示变量类型;

```
>>>b=a>0
>>>b
True
>>>type(b)
<class'bool'>
```
输入：c=None，再输入：c 显示该变量值，最后输入：type(c)显示变量类型；
```
>>>c=None
>>>c
>>>type(c)
<class'NoneType'>
```
注：None 表示空类型

输入：d='23'+'3'，再输入：d 显示该变量值，输入：type(d)显示变量类型，输入：len(d)显示变量长度。
```
>>>d='23'+'3'
>>>d
'233'
>>>type(d)
<class'str'>
>>>len(d)
3
```
输入 f=2.4-9.18j，输入：type(d)显示变量类型，输入：g=8.1+5.2j，输入：f+g 显示复数运算的结果

```
>>>f=2.4-9.18j
>>>type(f)
<class'complex'>
>>>g=8.1+5.2j
>>>f+g
(10.5-3.9799999999999995j)
>>>
```

4. 变量和数值表达式

写出执行完下面数值表达式语句后，变量 a～k 的值分别是多少？
```
>>>a=5
>>>b=2
>>>a*=b
>>>b+=a
>>>a,b=b,a
>>>c=6
>>>d=c%2+(c+1)%2
>>>e=2.5
```

>>>f=3.5

>>>g=(a+b)%3+int(f)//int(e)

>>>h=float(a+b)%3+int(f)//int(e)

>>>i=(a+b)/3+f%e

>>>j=a<b and c<d

>>>k=not j and True

5. 条件表达式

条件表达式是由算术运算、关系运算、逻辑运算构成的,计算结果为为 bool 类型的表达式,通常用于 if 语句和 while 语句中作条件判断。

假设执行了如下语句:

>>>x=384

>>>a,b=2.56769,2.56789

写出下面条件判断语句,并在 Python Shell 中测试结果。

(1) 判断 x 是否是奇数:＿＿＿＿＿＿＿＿＿＿＿＿＿

(2) 判断 x 是否能被 3 和 5 整除:＿＿＿＿＿＿＿＿＿＿＿＿＿

(3) 判断 x 是否能被 3 或 5 整除:＿＿＿＿＿＿＿＿＿＿＿＿＿

(4) 判断 b 与 a 的差值不超过 0.000 1:＿＿＿＿＿＿＿＿＿＿＿＿＿

6. 数学模块库函数的使用

(1) 导入数学库。

>>>import math

(2) 使用 math 前缀访问 sqrt 函数求平方根。

>>>math.sqrt(2*2+3*3)

3.605551275463989

>>>math.log10(100)

2.0

(3) 另一种导入数学库的方式,可以直接 math 库定义函数和常量。

>>>from math import*

>>>pow(2.5,2)   ♯幂函数

6.25

>>>pi   ♯π

3.141592653589793

>>>e   ♯自然常数

2.718281828459045

>>>floor(2.5)   ♯向下取整

2

>>>ceil(2.5)   ♯向上取整

3

>>>fabs(−23.56)   ♯求绝对值

23.56

(4) 使用 math 模块的数学函数。导入数学库 math。然后输入以下表达式理解 math 中

函数的使用,注意结果值的数据类型。

math. sqrt(2 * 2＋3 * 3)、math. log10(100)、math. exp(2)、math. fmod(4,3)、math. sin(2 * math. pi)、math. gcd(12,9)

3.1.2　认识文本类型数据

1. 字符串常量的表示

>>>print("To be or not to be ,that's a question. ") To be or not to be ,that's a question. >>>print('古云:"临渊羡鱼,不如退而结网。"') 古云:"临渊羡鱼,不如退而结网。" >>>print("'富贵必从勤苦得, 男儿须读五车书。 －－杜甫"') 富贵必从勤苦得, 男儿须读五车书。 －－杜甫	在 python Shell 中测试三条 print 语句,请思考总结单引号、双引号和三引号的使用场合。

2. 字符串的切片访问方式

>>>str="Hello,Python World!" >>>str[0] 'H' >>>str[5] ',' >>>str[:5] 'Hello' >>>str[6:-7] 'Python'	在 python Shell 中测试左边的指令,回答问题: 下标 0 表示:＿＿＿＿＿＿＿ 下标－1 表示:＿＿＿＿＿＿＿ 字符串中第 n 个字符的下标是:＿＿＿＿

3. 字符串运算

测试下面指令,理解字符串运算:＋、* 、in: >>>s1="Hello" >>>s2="Python" >>>s=s1+s2 >>>s 'Hello Python' >>>s1 in s True >>>s=s1+s2 * 3 >>>s 'Hello Python Python Python'	假设执行了如下语句 >>>s1='programming' >>>s2='language' 利用 s1、s2 和字符串操作,写出能产生下列结果的表达式。 (1) 'program' ＿＿＿＿＿＿＿＿＿＿＿＿＿ (2) 'prolan' ＿＿＿＿＿＿＿＿＿＿＿＿＿ (3) 'amamam' ＿＿＿＿＿＿＿＿＿＿＿＿＿

4. 字符串处理函数和内置字符串处理方法

<table>
<tr>
<td>

测试下面指令,理解字符串运算
```
>>>s="Python String"
>>>s.upper()
'PYTHON STRING'
>>>s.lower()
'python string'
>>>s
'Python String'
>>>s.find('i')
10
>>>s.replace('ing','gni')
'Python Strgni'
>>>s
'Python String'
>>>t=s.split(' ')
>>>t
['Python', 'String']
```

</td>
<td>

假设执行了如下语句
```
>>>s1=' programming'
>>>s2=' language'
```
利用 s1、s2 和字符串操作,写出能产生下列结果的表达式。

(1) 'programming language'

(2) 'progr@mming l@ngu@ge'

请写出表达式

(1) _____

(2) _____

</td>
</tr>
</table>

3.1.3 输入不同类型的数据–input

请输入你的姓名、年龄和身高。
```
>>>yourname=input("请输入你的姓名:")
请输入你的姓名:李卓
>>>age=input("请输入你的年龄:")
请输入你的年龄:19
>>>height=float(input("请输入你的身高:"))
请输入你的身高:1.73
>>>print("你是",yourname,",今年",age,"岁,身高",height,"米。")
你是李卓,今年19岁,身高1.73米。
```

思考:为什么输入三个数据的命令有所不同?

3.1.4 构造输出格式字符串

1. str 类 format 函数的格式控制字符串和格式控制符

```
>>>name=input("你的姓名:")
你的姓名:汪臻
>>>xh=int(input("你的学号:"))
你的学号:28
>>>print("{:s}同学的学号是{:d}".format(name,xh))
```

汪臻同学的学号是28

```
>>>import math
>>>print("圆周率保留 4 为小数的值为：{:.4f}".format(math.pi))
圆周率保留 4 为小数的值为：3.1416
```

回答问题

{:s}的含义是：＿＿＿＿＿＿＿＿ 对应的参数是：＿＿＿＿＿＿＿＿

{:d}的含义是：＿＿＿＿＿＿＿＿ 对应的参数是：＿＿＿＿＿＿＿＿

{:.4f}的含义是：＿＿＿＿＿＿＿ 对应的参数是：＿＿＿＿＿＿＿＿

2. % 格式控制串和格式控制符。

```
>>>print("%s 的同学的学号%d"%(name,xh))
汪臻的同学的学号28
```

请使用%格式控制符写出输出圆周率并保留 4 位小数的格式控制串：

＿＿＿＿＿＿＿＿＿＿＿＿＿＿＿＿＿＿＿＿＿＿＿＿＿＿＿＿＿＿＿＿＿＿＿

3. f 格式字符串

```
print(f"{name}同学的学号是{xh}。")
汪臻同学的学号是28。
print(f"圆周率保留 4 为小数的值为：{math.pi:.4f}")
圆周率保留 4 为小数的值为：3.1416
```

说明：f 格式字符串是 format 函数的改进形式，从 3.6 版本开始使用。占位符的格式为：{数据：格式控制符}

3.1.5 认识日期时间的获取和表示

请自行查阅学习 datetime 模块基本使用方法理解示例中 datetime 模块操作日期的方法。

1. 查询并输出当前日期和时间

```
>>>from datetime import date
>>>today＝date.today()
>>>today
datetime.date(2019,6,9)
>>>print("今天是{:d}－{:d}－{:d}".format(today.year,today.month,today.day))
今天是 2019-6-9
```

说明：date 是 datetime 类的一个子类，date 类的 today 方法返回当天日期，date 类型数据。date 类由 year、month、day 属性值构成一个日期，可以通过<对象.属性>的方式读取年月日的数据。

2. 输入一个日期，求该天是当年的第几天

程序实现代码

```
from datetime import date
year,month,day=input("输入一个日期:").split("-")
d1=date(int(year),int(month),int(day))
d2=date(int(year),1,1)
print("{}-{}-{}是{}年的第{}天".format(year,month,day,year,(d1-d2).days+1))
```

运行示例

```
>>>
输入一个日期:2013-7-8
2013-7-8 是 2013 年的第 189 天
>>>
```

说明:构造一个日期的方法是:d=date(2017,10,1)。两个日期相减可以得到一个日期戳对象,该对象的 days 属性提供了日期差值的具体天数。

3. 计算当天距离未来的元旦还有多少天

请在 Python shell 环境下导入 datetime 模块,计算当天距离未来的元旦还有多少天。

3.2 数值数据的程序设计

3.2.1 求出指定区间所有能被 3 和 5 整除的整数之和

1. 问题描述

编写程序 sy3-1.py,实现程序功能:输入 2 个正整数 m,n,计算[m,n]区间所有能被 3 和 5 整除的整数之和并输出。

2. 具体要求

(1) 输入 2 个正整数 m,n(m<=n),如果 m>n,则交换 m 和 n 的值。

(2) 计算[m,n]区间所有能被 3 和 5 整除的整数的累和值。

(3) 输出结果。

3. 示例输入输出

```
m=100
n=150
s=510
```

4. 问题解答提示

判断一个数 i 是否能同时被 3 和 5 整除,可以用逻辑运算 and 连接两个条件:

$$i\%3==0 \text{ and } i\%5==0$$

5. 思考

如果要输出如下符合条件的整数,如何修改程序?

```
m＝100
n＝150
105＋120＋135＋150＝510
```

3.2.2 判断闰年

1. 问题描述

编写程序 sy3－2.py,实现程序功能:输入 year,计算并判断 year 是否是闰年,输出文字判断,输入输出如示例所示。

2. 示例输入输出

```
>>>
input year:2021
2021 不是闰年
>>>
input year:1996
1996 是闰年
```

3. 问题解答提示

符合下面两个条件之一的年份是闰年。

(1) 能被 4 整除但不能被 100 整除。

(2) 能被 400 整除。

3.2.3 求分数序列的和

1. 问题描述

编写程序 sy3－3.py,程序实现功能:有一分数序列:2/1,3/2,5/3,8/5,13/8,21/13…求出这个数列的前 n 项之和。

2. 具体要求:

(1) 输入一个正整数,如果 n<＝0,则输出"n 输入错误"退出程序。

(2) 计算分数序列 n 项的累和值。

(3) 输出结果。

3. 示例输入输出

```
>>>
－5
n 输入错误
>>>
5
前 5 项的累加和为 8.39
```

大学程序设计基础实践指导

4. 问题解答提示

（1）退出程序可以执行 exit(0)，也可以使用 if...else 结构实现。

（2）累加算法问题。分数序列的分子分母是由斐波那契数列构成，后一项的分子是前一项的分子分母之和，后一项的分母是前一项的分母。使用 Python 的同步赋值能很方便地实现分子分母的规律变化。

3.2.4　判断完数

1. 问题描述

编写程序 sy3-4.py，程序实现功能：一个数如果恰好等于它的因子之和，这个数就称为"完数"。例如，6 的因子为 1、2、3，而 6＝1＋2＋3，因此 6 是完数。编程，找出 1000 之内的所有完数，并输出该完数，统计 100 之内一共有多少个完数。

2. 示例输入输出

```
6
28
496
1～1000 间的完数共有 3 个
```

3. 问题解答提示

问题的解答涉及到两次穷举，首先要穷举 100 以内的所有的整数，对穷举的每一个数 i，再次穷举从 1 到 i-1，是否能被 i 整除，能被 i 整除则为因子，累加到 s。一个数的因子穷举完毕，再比较因子的累加和 s 是否等于 i，如果相等则输出 i，并且计数。循环全部结束，输出计数值。本题算法是一个双重循环结构。

3.2.5　程序填空题：求阶乘之和

1. 问题描述

打开程序 sy3-5.py，程序实现功能：输入一个正整数 n，计算 1! ＋2! ＋3! ＋…＋n! 的和并输出。

2. 具体要求

请在下面三处划线处填入适当的表达式，完整程序，实现程序功能。

```
n＝int(input("n="))
if n＜0:
        print("n 输入错误!")
        exit(0)
s,t＝_____
for i in range(_____):
        t＝_____
        s＝s＋t
print("阶乘和为：",s)
```

3. 示例输入输出

```
>>>
n=0
阶乘和为:1
>>>
n=10
阶乘和为:4037913
```

4. 问题解答提示

3!=3*2!,设置 item 为累和项,前后两项 item 的变化公式为 item=i*item。每次循环先由前一个 item 构造出新的 item,再累加到累加变量中。i 值从 2 到 n 变化,s,item 初值为 1!。

3.2.6　改错题:统计气温

1. 问题描述

打开程序 sy3-6.py,实现程序功能:输入若干天的气温,输入 quit 结束,求平均气温,最高气温和最低气温。

2. 具体要求

(1) 输入 quit 结束后输出统计结果,如果第一次输入就输入 quit,显示"程序结束"。

(2) 气温为整数,平均气温保留一位小数。

(3) 下面的程序中存在逻辑错误,请调试程序,找出错误并改正。

```
x=input("请输入一个气温:")
if x=="quit":
        print("程序结束")
        exit(0)
else:
        maxnum=minnum=x

s=0
n=0

while True:
        x=input("请输入一个气温:")
        if x=="quit":
                continue
        x=int(x)
        if x>maxnum:
                maxnum=x
        elif x<minnum:
```

```
                minnum＝x
        s＝s＋x
        n＝n+1
    print("最高气温为:{},最低气温为:{}".format(maxnum,minnum))
    print("平均气温为:{:.1f}".format(s/n))
```

3. 示例输入输出

```
请输入一个气温:34
请输入一个气温:30
请输入一个气温:28
请输入一个气温:35
请输入一个气温:quit
最高气温为:35,最低气温为:28
平均气温为:31.8
>>>
```

4. 问题解答提示

(1) 将天数存放在 n 变量中,气温之和存放在 s 变量中。

(2) 使用 while 控制循环输入气温,输入 quit 结束,每输入一个气温,累加到 s。注意按字符串类型输入天气值,比较是否是 quit 后,转换数据类型为 int 后累加到 s。

(3) 平均气温 adv＝s/n。

(4) 最高气温和最低气温的初值可以取输入的第一个气温,循环结构从第二个气温的输入开始构建。但是要考虑处理第一次就输入 quit 的情况。

(5) 输出时保留一位小数。

3.2.7 穷举三位数

1. 问题描述

编写程序 sy3-7,实现程序功能:有四个数字,0、1、2、3,能组成多少个互不相同且无重复数字的三位数? 各是多少? 每行输出 10 个。

2. 示例输入输出

```
>>>
102   103   120   123   130   132   201   203   210   213
230   231   301   302   310   312   320   321
共 18 个
>>>
```

3. 问题解答提示

使用穷举法,穷举每个位置上可能出现的数字,如果穷举的方案每个位置上的数字不重
```
```

复,则构造一个三位数的整数并输出,同时计数变量增 1。

三位数需要设置三个穷举的变量。注意第一位不能为 0。

3.2.8 Collatz 猜想

1. 问题描述

Collatz 猜想也叫 3n+1 猜想,给一个正整数,如果是偶数,则减半;如果是奇数,则变为它的三倍加一。直到变为 1 停止。猜想对于所有正整数经过足够多次变换最终达到 1。创建程序 sy3-8.py,实现程序功能:模拟 Collatz 猜想过程,输出每一步的变换结果,达到 1 停止。

2. 示例输入输出

```
n=10
5 16 8 4 2 1
```

3. 问题解答提示

循环结构终值条件是 n 等于 1,显然 n 为循环控制变量,输入值为 n 的初值,终值为 1,每次循环根据 n 的奇偶性作变化。一个典型的当型循环,while 语句实现。

3.3 文本数据的程序设计

3.3.1 改错题:字符统计

1. 问题描述

打开程序 sy3-9.py,程序实现功能:输入一串字符,统计其中非英文字母的字符数量,并输出统计结果。不断重复上述过程,直到用户输入“over”为止。

2. 具体要求

程序中有三处错误(语法错误或者逻辑错误),请改正,使程序能正常运行并输出结果。

```
ss=input()
while ss='':
    n=0
    for x in ss:
        if isalpha:
            n=n+1
    print('非英文字母的字符数量为:',n)
ss=input()
```

3. 示例输入输出

```
34h@jfga
非英文字母的字符数量为:3
dkfjaksRT
非英文字母的字符数量为:0
over
```

大学程序设计基础实践指导

3.3.2 解码凯撒密文

1. 问题描述

编写程序 sy3-10.py,程序实现功能:输入凯撒暗文,输出明文。

2. 具体要求

在一行中输入凯撒暗文存入 ciphercode 中,下一行输出明文。

凯撒密文的加密程序代码如下:

```
#凯撒密文转换程序 Caesar.py
plaincode=input("请输入明文:")
for p in plaincode:
    if ord("a")<=ord(p)<=ord("z"):
        print(chr(ord("a")+(ord(p)-ord("a")+3)%26),end='')
    else:
        print(p,end="")
```

3. 示例输入输出

```
请输入暗文:sbwkrq
Python
>>>
```

4. 问题解答提示

从加密程序中可推出解码公式为:ord('a')+(ord(p)-ord('a')-3)%26。

3.3.3 回文字符串判断

1. 问题描述

编写程序 sy3-11.py,程序实现功能:从键盘输入一个包含 5 位数字字符的字符串,判断其是否为回文字符串。

2. 具体要求

(1) 根据提示输入长度为 5 的数字字符串 x。

(2) 如果 x 的各位数字字符反向排列所得字符串与 x 相等,则 x 为回文字符串。

(3) 使用切片运算求解一个字符串的逆序字符串。

3. 示例输入输出

```
>>>
请输入一个长度为5的自然数:123456
输入长度错误!
>>>
请输入一个长度为5的自然数:7d8d7
输入的不是自然数!
```

```
>>>
请输入一个长度为 5 的自然数:12345
12345 不是回文数
>>>
请输入一个长度为 5 的自然数:12321
12321 是回文数
>>>
```

4. 问题解答提示

(1) 切片运算 x[::-1]可以得到字符串对象 x 的逆序字符串。

(2) x. isdigit()可以判断字符串中是否都是数字字符,返回布尔值。

3.3.4 求文本中出现频率最高的字母

1. 问题描述

编写程序 sy3-12. py,程序实现功能:输入一段文本,输出该文本中出现频率最高的字符。

2. 具体要求

如果频率最高的字母有多个,输出先出现的字母。

3. 示例输入输出

```
>>>
abbabccccdb
b
>>>
abbabccccdb
>>>
c
```

4. 问题解答提示

(1) 字符串的 count 方法可以计算一个字符再字符串中出现的次数。

(2) 使用两个变量,一个表示当前出现频率最高的字符,一个表示当前出现频率最高的次数。执行求最大值的字符串遍历算法,就可以求得出现频率最高的字符。

3.4 综合程序设计题

3.4.1 求两个逆序数之和

1. 问题描述

编写程序 sy3-13. py,实现程序功能:从键盘输入两个自然数,求其逆序数之和。

2. 示例输入输出

```
a=120
b=97
```

21+79=100

3.4.2 猜数字的游戏

1. 问题描述

编写程序 sy3-14.py,实现程序功能:设计一个猜数字的游戏。

2. 具体要求

(1) 由电脑随机生成一个 1~10 之间的整数,让用户输入所猜的数。

(2) 如果大于随机生成的数,显示"太大,您还有 2 次机会";小于随机数,显示"太(3)小,您还有 1 次机会"",猜中该数,显示"恭喜! 你猜中了!"。

(3) 三次猜数机会,最后显示"抱歉,程序结束了"。

3. 示例输入输出

请输入你猜的数(0~9):9

太大,您还有 2 次机会

请输入你猜的数(0~9):3

太小,您还有 1 次机会

请输入你猜的数(0~9):6

恭喜! 你猜中了!

抱歉,程序结束了

>>>

4. 问题解答提示

(1) 要猜的数可以调用 random 模块的 randint 函数实现,产生一个 1~10 之间正整数。

(2) 循环计数控制,猜数的次数为 3 次。

(3) 每次输入所猜的数后,使用 if...elif...else 语句处理三种不同的反馈。

(4) 猜中了,使用 break 语句跳出循环。

(5) 使用计数变量(可以是循环控制变量)记录猜数的次数。

3.4.3 计算生日还有多少天

1. 问题描述

编写程序 sy3-15.py,实现程序功能:输入一个身份证号,计算今年距离生日还有多少天,如果生日已过,输出文字信息。

2. 具体要求

(1) 显示当天的日期。

(2) 输入一个身份证号码。

(3) 输出生日信息,如示例所示。

3. 示例输入输出

```
>>>
今天是 2020-1-18
请输入身份证号码:370101199810011228
今年生日还有 257 天
>>>
今天是 2020-1-18
请输入身份证号码:36010320010101
今年生日已过!
```

实践 4　批量数据的组织和计算

『学习目标』

（1）认识序列的表示和操作。

（2）认识集合和字典的表示和操作。

（3）掌握列表的遍历访问算法。

（4）掌握查找和排序算法的实现。

（5）掌握使用数据结构集合和字典优化算法的方法。

4.1　导学：Python 的批量数据

4.1.1　认识序列的表示和操作

在 PythonShell 完成下面操作并回答问题。

1. 元组的创建和访问

输入：t1='001001','Li Si','men',18，再输入：t1 显示该变量值，输入：t1[0]和 t1[1]显示部分数据，最后输入：type(t1)显示变量类型，输入：len(t1)显示长度。

t1[0]：＿＿＿＿＿＿＿＿＿＿，t1[1]：＿＿＿＿＿＿＿＿＿＿。

t1 的类型是：＿＿＿＿＿＿，t1 的长度是：＿＿＿＿＿＿。

2. 列表的创建和访问

输入：t2=['001001','Li Si','men',18]，再输入：t2 显示该变量值，输入：t2[0]和 t2[1]显示部分数据，最后输入：type(t2)显示变量类型，输入：'men' in t2 测试成员。

t2[0]：＿＿＿＿＿＿＿＿＿＿，t1[1]：＿＿＿＿＿＿＿＿＿＿。

t2 的类型是：＿＿＿＿＿＿，'men' in t2 的结果是：＿＿＿＿＿＿。

3. 可变对象和不可变对象

输入：t2[3]＋＝1，再输入：t2 查看该变量值。输入：t1[3]＋＝1　显示出错信息。

＿＿＿＿＿＿＿是可变对象。＿＿＿＿＿＿＿是不可变对象。

4. 序列的基本操作

输入：t2＋＝['021－65789293']，再输入：t2，查看该变量值。输入：t2[0:1]＝[]，再输入：t2，查看该变量值。

列表的"＋"运算是：＿＿＿＿＿＿＿＿＿＿＿＿＿＿＿＿＿＿＿＿＿。

t2[0:1]＝[]的作用是：＿＿＿＿＿＿＿＿＿＿＿＿＿＿＿＿＿＿＿＿＿。

5. 复制列表

直接使用赋值运算得到的 t3，与 t2 是指向同一个列表对象的，对 t2 和 t3 的操作实质是使用不同的名称对一个对象操作。

```
>>>t2=['001001','Li Si','men',19,'021-65789293']
>>>t2
['001001','Li Si','men',19,'021-65789293']
>>>t3=t2
>>>t3[3]=20
>>>t2
['001001','Li Si','men',20,'021-65789293']
```

要得到一个对象副本,可使用列表的方法 copy,复制后,两个列表的内容是相等的,但不是一个对象。

```
>>>t3=t2.copy()
>>>t3
['001001','Li Si','men',20,'021-65789293']
>>>t3==t2
True
>>>t3 is t2
False
```

"=="运算和"is"运算的区别:_____。

也可以从一个空列表开始,将 t2 的内容加入到空列表中。设置一个空列表对象是必须的,因为之前 t3 并没有指定一个确定的数据类型。

```
>>>t3=[]
>>>t3.extend(t2)
>>>t3
['001001','Li Si','men',19,'021-65789293']
```

通过 append 方法可以在列表的尾部追加一个列表成员,例如增加一个身高的信息。

```
>>>t3.append(1.78)
>>>t3
['001001','Li Si','men',19,'021-65789293',1.78]
```

append 与 extend 的区别:_____

insert 方法支持在指定位置增加列表成员,例如在年龄的后面插入身高信息。

```
>>>t3.insert(4,1.78)
>>>t3
['001001','Li Si','men',19,1.78,'021-65789293',1.78]
```

执行_____后,可以在列表的最前面插入整数序号 15,得到列表:
[15,'001001','Li Si','men',19,1.78,'021 - 65789293',1.78]。

remove 方法可用于删除第一个指定值,pop 可以删除并返回指定位置列表成员,那么要删除列表中年龄后面多余的身高 1.78,使用 remove 方法:_____,
使用 pop 方法:_____。

6. 思考题

(1) 已知列表 L1 和 L2,由 L1 和 L2 构造 L3,并回答问题。
>>>L1=[1,2,3,4,5]
>>>L2=["one","two","three","four","five"]
>>>L3=[[L1[1],L2[1]],[L1[2],L2[2]],[L1[3],L2[3]]]
L3 的值是_____。
L3[1,1] 的值是_____。
执行 L4=L3.pop(2)后,列表 L3 的值是_____,L4 的值是_____。
再执行 L3.extend(L4),列表 L3 的值是_____。
(2) 假设执行了如下语句:
>>>s1=[0,1,2,3,4,5,6]
>>>s2=['SUN','MON','TUE','WED','THU','FRI','SAT']
利用 s1、s2 和列表操作,创建下列结果的序列对象
s3:'SUN|MON|TUE|WED|THU|FRI|SAT'

_____。

s4:[3,4,3,4,3,4]

_____。

s5:[(0,'SUN'),(1,'MON'),(2,'TUE'),(3,'WED'),(4,'THU'),(5,'FRI'),(6,'SAT')]

_____。

4.1.2 认识集合

1. 实例:分析软件版本差异

在计算机上安装两个版本的 Python 软件,本例通过分析 Python2.7 和 Python3.3 的 libs 库文件的变化来分析它们的版本差异:
>>>import os
>>>dir33=set(os.listdir('C:\\Python33\\libs'))
>>>dir27=set(os.listdir('C:\\Python27\\libs'))
>>>#Python27 中存在,Python33 中不存在的文件有
>>>dir27-dir33
{'libPython27.a','_bsddb.lib','Python27.lib','bz2.lib'}
>>>#Python33 中存在,Python27 中不存在的文件有
>>>dir33-dir27
{'Python3.lib','_decimal.lib','_bz2.lib','_testbuffer.lib','_lzma.lib','libPython33.a','Python33.lib'}
>>>##两个文件夹中相异的文件
>>>d=dir27^dir33

>>>d

{'libPython33. a','bz2. lib','Python33. lib','Python27. lib','_bsddb. lib','Python3. lib','_bz2. lib','_testbuffer. lib','_lzma. lib','_decimal. lib','libPython27. a'}

>>>##两个文件夹中相同的文件

>>>u=dir27 & dir33

{'_ctypes. lib','_ssl. lib','winsound. lib','_ctypes_test. lib','_elementtree. lib','_sqlite3. lib','select. lib','_msi. lib','_socket. lib','unicodedata. lib','_multiprocessing. lib','pyexpat. lib','_tkinter. lib','_hashlib. lib','_testcapi. lib'}

2. 集合的运算

请在 PythonShell 中完成下列操作,并记录实现的语句。

(1) 随机生成 8 个 10～20 之间的整数序列再转化为集合,创建这样的集合 2 个:S1 和 S2。

(2) 输出 S1,S2 即集合的长度,最大数和最小数。

(3) 输出 S1 和 S2 的并集,交集和异或集。

3. 思考题

集合 a、b 中存放着两组文件名的集合,两个集合中有相同的文件也有不同的文件,请写出实现下面功能的表达式。

$$a=\{"3-1. py","3-5. py","3-6. py","3-8. py","3-9. py"\}$$
$$b=\{"3-1. py","3-2. py","3-6. py","3-7. py","3-8. py"\}$$

(1) 求 a 中存在,b 中不存在的文件。

(2) 求 a 中存在与 b 中相同的文件。

(3) 求两个文件夹中互不相同的文件。

(4) 求两个文件夹中总共包括的文件的个数。

4.1.3 认识字典

1. 字典的创建

(1) 输入:a=4 输入:d={}输入:d[a]=10 输入:d['1']=20

print(d)的结果是:_____

(2) 输入:t=1,2,3 输入:p=[1,2,3]输入:s={1,2,3}

下面输入会出现异常的是:_____

>>>q={t}   >>>r={p}   >>>w={s}

2. 字典的基本操作

(1) 输入:d={}输入:d[('a')]=1 输入:d[('a','b')]=2 输入:d[('a','b','c')]=3

{'a':1,('a','b'):2,('a','b','c'):3}输入:s=0

输入:for key in d:

s+=d[key]

d:_____ s:_____。

(2) 输入:d1={"A":65,"B":66,"a":97,"c":99},输入:d2=d1 输入:d2["A"]=0

输入:s＝d1["A"]＋d2["A"]

S:＿＿＿＿＿＿＿＿＿＿＿＿＿。

(3) 输入:d1＝{"A":65,"B":66,"a":97,"c":99},输入:d2＝dict(d1)　输入:d2["A"]＝0

输入:s＝d1["A"]＋d2["A"]

S:＿＿＿＿＿＿＿＿＿＿＿＿＿。

(4) 创建英文字母大小写 ASCII 码字典

创建小写字母的 ASCII 码字典步骤如下:

输入:d1＝[chr(i)for i in range(97,123)]

输入:d2＝[i for i in range(97,123)]

输入:d＝dict(zip(d1,d2))

请继续在 d 中添加大写字母的 ASCII 码键值对。

4.2　列表的程序设计

4.2.1　改错题:求序列的最小值

1. 问题描述

打开程序 sy4-1.py,实现程序功能:输入一组逗号分隔的浮点数,求出这组浮点数中的最小值。

2. 具体要求

(1) 输出一组浮点数,以逗号分隔。

(2) 执行求最小数算法,求得最小数 minf,并输出。

(3) 下面程序中存在 3 处错误,请找出并修改,使程序能够正确运行。

```
x＝input().split()
x＝[int(i)for i in x]
minf＝x[0]
i＝0
while i<len(x):
    if   minf>x[i]:
        minf＝x[i]
        i＝i+1
print("最小元素＝",minf)
```

3. 示例输入输出

输入:

−20.4,−10.1,−4.3,10.85,5,9

输出:

最小元素＝−20.4

4.2.2　计算总分

1. 问题描述

创建程序 sy4-2.py,实现功能:小组成员的语文和数学分数已按学号顺序分别存放于 chinese 和 math 两个列表中:chinese=[76,63,79,82,53,78,67],math=[88,56,78,92,69,75,82],计算每位小组成员的总分、小组最高分和小组平均分。

2. 具体要求:

(1) 先建立 chinese 和 math 两个列表,继续完成程序,将每个人的语文和数学成绩的总分计算后放入另一个总分列表,输出总分列表。

(2) 计算并输出最高总分和小组平均分。

3. 示例输入输出

```
>>>

每位组员总分:[164,119,157,174,122,153,149]
最高总分:174,小组平均分24.86
>>>
```

4.2.3　程序填空题　寻找字符串中的英文字符

1. 问题描述

打开程序 sy4-3.py,实现程序功能:从键盘输入字符串,找出里面的字母,不区分大小写,重复的只输出一次。

2. 具体要求

(1) 输入一个字符串,建立一个空列表 li。

(2) 下标遍历字符串中每一个字符,如果是字母,且列表 li 中不存在,不区分大小写,则追加到列表 li 中。

(3) 连续输出列表 li 中的字符不空格,不换行。

(4) 按要求对程序中的下划线进行填空(用填空内容代替下划线),调试并运行。

```
a=input()

li=_____

for i in range(0,_____):        #遍历字符串

    if _____ :#判断是否是英语字母

        ch=a[i]._____        #英文字母取小写

        if ch not in li:#判断字母是否在列表中

            li._____(ch)    #将符合新的英文字母追加到列表

for ch in li:

    print(ch,_____)    #字符连续输出,不空格,不换行
```

大学程序设计基础实践指导

3. 示例输入输出

输入：
d8fdj92& * DDy
输出
dfjy

4.2.4　判断数字字符串的最高位是否是其余各位数字之和

1. 问题描述

编写程序 sy4－4.py,程序实现功能:对于任意输入的由数字字符组成的字符串,如果最高位数字等于其余各位数字之和,则显示(YES),否则显示(NO)。持续执行,直到输入'quit'结束。

2. 示例输入输出

请输入一个正整数:83212
YES
请输入一个正整数:97384
NO
请输入一个正整数:0x88f
NO
请输入一个正整数:972000
YES
请输入一个正整数:quit

4.3　批量数据的经典算法

4.3.1　重复数据的查找

1. 问题描述

在一个序列中查找指定的值 x,如果找到则显示在序列中位置,如果没有找到,显示文字信息。查找的数据在列表中可能有多个。

2. 算法分析

顺序查找的算法思想是:有效元素放在列表 L 中,被查找键值为 x,设置所找数据的下标值为－1,从顺序表的低端向高端(从前向后)依次查找,若找到,返回找到记录所在的位置(下标),若找不到,比较完最后一个后结束,下标值仍为初值－1。

如果数据存在重复值,那么所找数据的下标有可能有多个值,就不能用单变量表示,需要一个列表来存放多个下标值。如果找到,则将下标添加到列表。列表遍历结束后,如果列表的长度为 0,说明没有找到。算法设计如下:

1　输入列表 L

2　输入查找数 x

3　创建查找值下标列表 Lx

4　循环 i 从 0 到 len(L)－1

　　如果 L[i]等于 Lx 则追加 i 到 Lx

5　如果 len(Lx)不等于 0 输出 Lx

否则输出"没有找到"

3. 算法应用

打开程序文件 sy4-5.py,请按照上述算法,完整下面的算法应用实例程序,观察随机函数生成随机数的重复情况。

```
from random import randint
L=[randint(10,20)for i in range(10)]      #生成 10 个 10～20 的随机整数列表
d={}                                       #生成随机数重复次数字典
for x in L:
            d[x]=_____(1)_____
print("随机数列表:",L)
print("随机数出现次数:",d)
#输入查找数 x,显示在列表中的位置,第一个元素的位置为 1
x=int(input("输入查找数:"))
Lx=_____(2)_____
for i in range(len(L)):
                    if _____(3)_____:
                            Lx._____(4)_____
if _____(5)_____:
                    print("没有找到")
else:
                    print("出现位置",[i+1 for i in Lx])
```

运行示例如下:

```
随机数列表:[11,15,17,17,18,14,14,18,10,16]
随机数出现次数:{11:1,15:1,17:2,18:2,14:2,10:1,16:1}
输入查找数:18
出现位置[5,8]
```

大学程序设计基础实践指导

4.3.2 二分查找

1. 问题描述

在一张有序的列表中使用二分查找法(折半查找)查找指定值,统计应用查找表中的每一个元素所需的查找次数。

2. 算法分析

二分查找法的算法思想与生活中查英文字典的方法类似:先翻到一页,决定查找的单词在前面还是后面,在继续在缩小的区域查找,逐步逼近。计算机中要明确翻页机制,设定为每次将查找数与搜索区域中间位置的数据比较,如不是,则缩小搜索区域到前半段或后半段,继续查找。执行二分查找的前提是查找的列表是有序的。

设置变量 left 和 right 分别为查找范围的下限和上限(下标值),mid 为该范围中间记录的下标(mid=(left+right)//2)。

设被找键值为 target,与 mid 下标的记录键值比,有三种结果:

(1) target==L[mid],查找成功,返回该记录的下标 mid;

(2) target<L[mid],则 left 不变,high=mid−1,即在左半表继续二分查找;

(3) target>L[mid],则 high 不变,left=mid+1,即在右半表继续二分查找;

若 left>high 时,则查找失败。

如图 4-3-1 所示,在序列[−1,0,1,3,4,6,8,10,12]中查找 6。第一步 mid 等于 4,L[4]与 target 比较,target 大,搜索区域修改到右半区,left=5。第二步 mid 等于 6,L[6]与 target 比较,target 小,搜索区域修改到左半区,right=5。第二步 mid 等于 5,L[5]与 target 比较相等,找到。

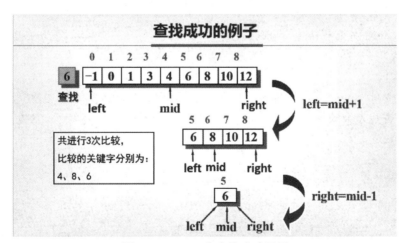

图 4-3-1 二分查找成功示例

如图 4-3-2 所示,在序列[−1,0,1,3,4,6,8,10,12]中查找 5。第一步 mid 等于 4,L[4]与 target 比较,target 大,搜索区域修改到右半区,left=5。第二步 mid 等于 6,L[6]与 target 比较,target 小,搜索区域修改到左半区,right=5。第二步 mid 等于 5,L[5]与 target 比较,target 小,right 值修改为 4 此时 left>right,循环结束,没有找到。

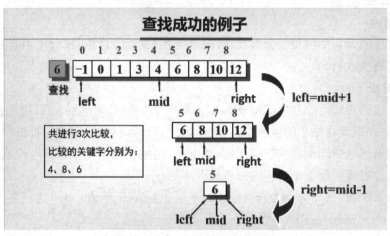

图 4-3-2 二分查找失败示例

二分查找算法步骤设计如下：

1　设置 left 为 0, right 为 len(L)-1
2　循环当 left 小于等于 right
　2.1　计算 mid
　2.2　如果 target 等于 L[mid] 则跳出循环
　　　　否则如果 target 大于 L[mid] 则 left=mid+1
　　　　否则 right=mid-1
3　如果 left>right 则没有找到
　　否则找到, x 的位置是 mid

3. 算法应用

打开程序文件 sy4-6.py, 已知有序顺序表键值序列：20, 25, 30, 35, 40, 45, 50, 55, 输出应用二分查找法查找表中的每一个元素所需的查找次数。请按照上述算法，完整下面的算法应用实例程序。

```
L=[20,25,30,35,40,45,50,55]      #有序顺序表
Lc=[]                            #每个元素所需查找次数列表
for _____(1)_____ in L:        #遍历 L 中每一个元素
        left,right=_____(2)_____   #搜索区域初始化
        c=0                          #查找次数计数器清零
        while_____(3)_____ :       #二分查找算法
                mid=(left+right)//2
                c+=1
                if target==L[mid]:
```

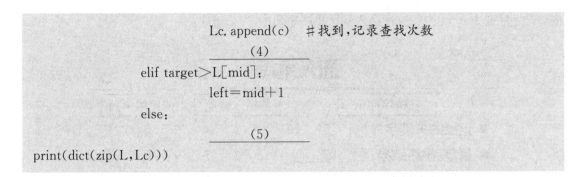

$$Lc.\ append(c)\quad \#找到，记录查找次数$$
$$\underline{\qquad\qquad(4)\qquad\qquad}$$
$$elif\ target>L[mid]:$$
$$left=mid+1$$
$$else:$$
$$\underline{\qquad\qquad(5)\qquad\qquad}$$
$$print(dict(zip(L,Lc)))$$

运行结果如下：

```
>>>
    {20:3,25:2,30:3,35:1,40:3,45:2,50:3,55:4}
>>>
```

根据程序运行的结果，二分查找可用一棵二叉树描述如下图，称为二叉判定树，查找成功时比较次数为该结点的层数，不超过 $\lfloor \log_2^n \rfloor +1$，查找不成功时比较从根到某个结点的空子树为止，最大查找次数为二叉判定树的层高。

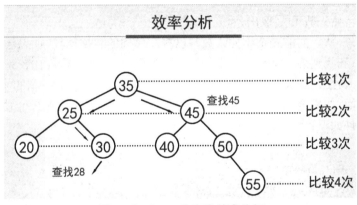

图 4-3-3　二分查找效率分析

4.3.3　插入排序

1. 问题描述

使用插入排序算法，对一个序列进行排序。插入排序算法的核心思想是每一趟排序将一个数据项有序地插入到一个已排序序列中。只有 1 个数据项的序列可以看成是一个有序子序列。从第 2 个记录开始，逐个进行有序插入，直至整个序列有序。这样的排序需要进行 n-1 趟。

2. 算法分析

如图 4-3-4 所示，第 1 趟排序将[5]看作一个已排序序列，待排序序列为[8 1 3 7 9 0 2]，从待排序序列中取第一个数 8，将 8 有序的插入到已排序序列中，得到[5,8]。第 2 趟排序，待排序序列为[1 3 7 9 0 2]，将 1 有序的插入到已排序序列中，得到[1,5,8]……以此类推，逐个将待排序序列中 n−1 个数有序插入到已排序序列中,完成排序。

插入排序

	已排序序列	待插入数据	待排序序列
■ 记录的关键字序列:	[5]	[8	1 3 7 9 0 2]
■ 第1趟排序结果:	[5 8]	[1	3 7 9 0 2]
■ 第2趟排序结果:	[1 5 8]	[3	7 9 0 2]
■ 第3趟排序结果:	[1 3 5 8]	[7	9 0 2]
■ 第4趟排序结果:	[1 3 5 7 8]	[9	0 2]
■ 第5趟排序结果:	[1 3 5 7 8 9]	[0	2]
■ 第6趟排序结果:	[0 1 3 5 7 8 9]	[2]	
■ 第7趟排序结果:	[0 1 2 3 5 7 8 9]		

图 4-3-4　插入排序过程示例

设置变量 i 是待插入数下标,从 1 变化到 n−1。0~i−1 是已排序序列下标。那么一趟有序排列的过程分为三步:

第一步　将待插入数 L[i]取出。

第二步　定位:从后向前逐个将插入数与已排序序列的数据比较,如果已排序序列的数据大,向后移位。直到找到第一个小于等于待插入数的数停止,或者全部比较完。

第三步　插入:插入到停止位置的后面。分两种情况考虑:如果找到的小于待插入数据,插在这个数的后面,如果全部比较结束,下标为−1,插入位置为 0,也是停止位置的后面。

插入算法设计如下:

```
1   循环 i 从 1 到 n−1,step1
  1.1   取待插入数据 L[i]到 x
  1.2   循环 j 从 i−1 到 0,step−1
          如果 L[J]>x
              则:L[J]移动到 L[J+1]
              否则:跳出循环
  1.3   x 插入到 L[J+1]
```

3. 算法应用

打开程序 sy4-7.py。s 列表中存放了一组职工津贴记录,每条记录包含工号、津贴1、津贴2三项数据,请应用插入排序对这组数据排序,本月津贴数计算方法为工号为偶数的发津贴1和津贴2,工号为奇数的只发津贴1,请按本月津贴数从高到低排序。正确的排序结果应为:

大学程序设计基础实践指导

工号	本月津贴
10170110312	3700
10170110314	3100
10170110307	2700
10170110309	2500
10170110308	2300
10170110311	2100
10170110310	2000
10170110313	1500

请按照插入算法描述和运行结果,完整下面的程序。

```
s=[[10170110307,2700,300],[10170110308,1500,800],[10170110309,2500,600],\
[10170110310,1500,500],[10170110311,2100,600],[10170110312,3500,200],\
[10170110313,1500,300],[10170110314,2500,600]]
if s[0][0]%2==0:                      #为第一个元素计算本月津贴发放数
        s[0].append(s[0][1]+s[0][2])
else:
        s[0].append(s[0][1])
for i in range(_____(1)_____,len(s)):
        r=_____(2)_____            #取出待插入数
        if r[0]%2==0:                #计算本月津贴发放数
                r.append(r[1]+r[2])
        else:
                r.append(r[1])
        #查找插入位置
        j=_____(3)_____
        while j>=0:
                if s[j][3]<r[3]:
                        _____(4)_____
                else:
                        break
                j=j-1
        _____(5)_____=r            #插入
print("工号\t\t 本月津贴")
for x in s:
        print("{:d}\t{:d}".format(x[0],x[3]))
```

4.3.4 杨辉三角

1. 问题描述

杨辉三角形是揭示二项展开式各项系数的数字三角形,如图4-3-5所示,左图是杨辉三角形的显示图形,右图是列表组织杨辉三角形的结构图,求解杨辉三角形。

```
                    1
                  1   1
                1   2   1
              1   3   3   1
            1   4   6   4   1
          1   5  10  10   5   1
        1   6  15  20  15   6   1
      1   7  21  35  35  21   7   1
    1   8  28  56  70  56  28   8   1
```

```
[[1],
 [1, 1],                     计算机存储
 [1, 2, 1],
 [1, 3, 3, 1],
 [1, 4, 6, 4, 1],
 [1, 5, 10, 10, 5, 1],
 [1, 6, 15, 20, 15, 6, 1],
 [1, 7, 21, 35, 35, 21, 7, 1],
 [1, 8, 28, 56, 70, 56, 28, 8, 1]]
```

图 4-3-5 求解杨辉三角形

2. 算法分析

杨辉三角形的特点是:每行 i 个元素,头尾是 1,从第三行开始,除了头尾的 1 意外的元素是由上一行的相应两个元素相加得到。使用二维列表存储杨辉三角,可以得到递推公式:

$$L[i][j] = L[i-1][j] + L[i-1][j-1]$$

杨辉三角形是一个典型的递推问题,使用二维列表,算法设计如下:

> 1. 输入 n
> 2. 创建列表 L,初值为[[1],[1,1]]
> 3. 循环 i 从 2 到 n-1
>   3.1 创建行列表 sub,初值为[1]
>   3.2 循环 j 从 1 到 i
>   将 L[i-1][j]+L[i-1][j-1]追加到 sub
>   3.3 追加尾部的 1 到 sub
>   3.4 追加 sub 到 L
> 4. 输出杨辉三角形

3. 算法实现

打开程序文件 sy4-8.py 请按照算法描述和程序运行的输出结果,完整下面的程序。

```
n=int(input("n="))
L=_____(1)
for i in range(2,n):
        sub=_____(2)
        for j in range(1,_____(3)_____):
                sub. append(_____(4)_____)
        sub. append(1)
```

```
            L. append(_____(5)_____)
for i in range(n)：
        for j in range(n−i−1)：
                print("   ",end="")
        for x in L[i]：
                print("{:2d}   ".format(x),end="")
        print()
```

注意：每次都要追加一个新列表 sub 表示一行的数据到 L 中,所以 sub 的创建位置要在循环体内,内层循环的外面。

4.4 批量数据的程序设计

4.4.1 穷举三位数(升级版)

1. 问题描述

编写程序 sy4-9.py,实现功能:输入一组数字,例如,输入 1,5,0,2,5,1,穷举由这些数字可以组成的所有的三位数。

2. 具体要求

(1) 输入一组数字,逗号分隔。去重复后,不足三位报错。

(2) 使用这组不重复的数字组合,得到互不相同且无重复数字三位数并输出。

3. 示例输入输出

```
示例1
输入：
1,5,0,2,5,1
输出：
102  105  120  125  150  152  201  205  210  215  250  251  501  502  510
512  520  521
共18个
示例2
输入：
1,2,1
输出：
不足三位数
```

4.4.2 体育特长标注

1. 问题描述

小组所有成员姓名在 group 字符串中,其中有足球特长和乒乓球特长的人员名单分别在 footBallGroup 和 pingpangGroup 字符串中。有足球和乒乓球特长的人员不重复。

group='鲁智深 柴进 宋江 林冲 卢俊义 孙二娘 史进 吴用 李逵

footBallGroup='吴用　卢俊义　鲁智深'
pingpangGroup='林冲　孙二娘　李逵'

编写程序 sy4‑10.py,实现小组成员的体育特长标注。

2. 具体要求

(1) 创建上述三个字符串,再通过列表操作。

(2) 生成列表,其中每个数据项对应每个人的名字以及他(她)的特长字符串。

(3) 输出标注后的内容,中文逗号分隔,中文句号结束。

3. 示例输入输出

鲁智深(足球),柴进,宋江,林冲(乒乓),卢俊义(足球),孙二娘(乒乓),史进,吴用(足球),李逵(乒乓)。

>>>

4.4.3　门店奖励

1. 问题描述

公司某一地区连锁门店一个月的利润已保存在字符串 shopInfo 中:

shopInfo="12 号店　48528 23 号店　56380 18 号店　32854 4 号店　68385 53 号店 92383 6 号店　28387 37 号店　40238 8 号店　70823"。

创建程序 sy4‑11.py,将字符串中信息整理到二维列表中,并计算平均利润和各门店奖金。

2. 具体要求

(1) 先创建 shopIndo 字符串,再继续编程完成下面功能。

(2) 构造并输出门店利润二维列表,二位列表的由将各门店以及该门店的利润组成,格式如下:

[[店名 1,利润]1,[店名 2,利润 2],[店名 3,利润 3],...]

(3) 计算并输出公司平均利润。

(4) 为利润超过平均值的门店提供奖励,奖金是超过平均值部分的 8%,计算输出得到奖金的门店名称以及所得奖金。

3. 示例输入输出（结果保留 2 位小数）

>>>

各店利润:[['12 号店',48528],['23 号店',56380],['18 号店',32854],['4 号店',68385],['53 号店',92383],['6 号店',28387],['37 号店',40238],['8 号店',70823]]

平均利润为:54747.25

23 号店奖金:130.62

4 号店奖金:1091.02

53 号店奖金:3010.86

8 号店奖金:1286.06

>>>

4.4.4 快乐的数字

1. 问题描述

创建程序 sy4-12.py,实现下面程序功能:求解指定区间中的快乐数字收敛到1需要的平均计算次数。

快乐的数字按照如下方式确定:从一个正整数开始,用其每位数的平方之和取代该数,并重复这个过程,直到最后数字要么收敛等于1且一直等于1,要么将无休止地循环下去且最终不会收敛等于1。能够最终收敛等于1的数就是快乐的数字。

例如:19 就是一个快乐的数字,计算过程如下:

$1^2+9^2=82$

$8^2+2^2=68$

$6^2+8^2=100$

$1^2+0^2+0^2=1$

2. 具体要求

(1) 输入区间 a,b(a<b)。

(2) 遍历区间的每一个数,判断是否为快乐数字,如果是则追加格式为:<快乐数字>:<计算次数>的键值对到字典,输出字典。

(3) 计算并输出区间快乐数字的平均计算次数。

3. 示例输入输出

```
>>>
输入区间 a,b:600,700
{608:2,617:3,622:5,623:5,632:5,635:6,637:5,638:5,644:3,649:6,653:6,655:3,656:
4,665:4,671:3,673:5,680:2,683:5,694:6,700:5}
平均计算次数4.4
>>>
```

4. 提示

(1) 设计判断快乐数字的算法时,可以利用字符串转化为列表分离字符的特性完成:L=list(str(n))。

(2) 当循环次数达到一个很大的值,例如 200 次,可以认为数字不会收敛等于1。

4.4.5 统计不同长度的单词个数

1. 问题描述

创建程序文件 sy4-13.py,实现程序功能:随机输入一行字符串,统计其中不同长度的单词出现次数,输出单词长度和对应单词个数,以列表形式输出。按单词长度从小到大排序。

2. 具体要求

(1) 标点符号不能计入单词长度,在统计前可以将所有的标点符号置换为空字符。

(2) 输出格式为:[(单词长度,单词个数),(单词长度,单词个数),……]

3. 示例输入输出

4.4.6 组长选举(字典)

1. 问题描述

创建程序 sy4-14. py,实现功能:组长选举的投票计数情况已存放在 vote 列表中,请计算每位被提名者的得票次数、并按得票数从大到小输出结果

vote=['鲁智深','柴进','宋江','吴用','林冲','卢俊义',
'柴进','柴进','孙二娘','史进','吴用','卢俊义','柴进',
'林冲','宋江','宋江','卢俊义','吴用','吴用']

2. 具体要求

(1) 建立 vote 列表,存放组长选举的投票计数情况。

(2) 遍历 vote 列表,建立字典,字典的键值对为:<姓名>:<票数>。

(3) 返回键值对列表,按票数对列表从大到小排序。

(4) 输出排序后的计票情况。

3. 示例输入输出

柴进	4
吴用	4
宋江	3
卢俊义	3
林冲	2
鲁智深	1
孙二娘	1
史进	1

4. 提示

(1) 列表的 sort 函数可以通过 lambda 函数指定排序的关键字。

$$L. sort(key=lambda x:x[1],reverse=True)$$

(2) 使用不同方法,相同票数的得票记录可能排序不一样。

大学程序设计基础实践指导

实践 5　模块化的程序设计

『学习目标』

（1）掌握函数的定义和函数的调用。

（2）理解函数调用时的数据传送机制，通过参数将主调函数的数据传递到被调函数，运用 return 语句将被调函数的处理结果返回调用处。

（3）理解自顶向下，逐步细化的模块化设计思想划分子模块；学习模块化程序设计方法。

（4）理解默认参数、可变参数和匿名函数。

（5）学习递归函数的定义和调用，理解递归函数的使用。

5.1　Python 函数的定义和调用

5.1.1　华氏温度转化为摄氏温度

1. 问题描述

输入一个华氏温度，求对应的摄氏温度。

2. 具体要求

（1）定义函数 getCelsius 函数完成华氏温度转化为摄氏温度。

（2）在主程序中完成程序的输入，调用 getCelsius 函数计算并输出摄氏温度。

3. 程序实现

打开程序文件 sy5 - 1. py，按照要求完整划线部分的代码，运行并调试。

```
# 定义函数 getCelsius，将华氏温度转化为摄氏温度。
def _____:
        c=(f-32) * 9/5    # 计算摄氏温度
        _____    # 返回摄氏温度

f=float(input("input fahr:"))    # 输入华氏温度
c=_____    # 调用 getCelsius 求摄氏温度
print("fahr=%. 1f,celsius=%. 1f\n"%(f,c));    # 输出结果
```

运行示例如下：

```
>>>
input fahr:37. 5
fahr=37. 5,celsius=9. 9
```

5.1.2 寻找完全平方数

1. 问题描述

接受用户键盘输入一组数据,调用函数 filterLst(L),计算并返回序列中的完全平方数。

2. 具体要求

(1) 输入一组逗号分隔的数据读入到列表。

(2) 调用函数 filterLst(L),返回完全平方数列表,输出结果。

(3) 打开程序文件 sy5-2.py,程序中有三处错误(语法错误或者逻辑错误),请改正(不能增删行),使程序能正常运行并输出结果。

```python
def filterLst(L):
    outL=[]
    for x in L:
        for i in range(x+1):
            if i*i==x:
                outL.append(x)
    return L
s=input()
data=s.split()
for i in range(len(data)):
    data[i]=int(data[i])
result=filterLst(L)
if len(result)!=0:
    print("完全平方数有",result)
else:
    print("无符合要求的数!")
```

正确的程序运行示例如下图所示:

```
运行示例 1
输入:
1,3,5,9,8
输出:
完全平方数有[1,9]

运行示例 2
输入:
2,6,10
输出:
无符合要求的数!
```

5.1.3 统计素数的个数

1. 问题描述

程序功能实现统计 1 000 以内每 100 个整数中素数的个数。

2. 具体要求

打开程序文件 sy5－3. py,完成程序中的 countPrimes 函数的代码,程序输出如下图所示。

```
   1-  100 有26个素数
 101-  200 有21个素数
 201-  300 有16个素数
 301-  400 有16个素数
 401-  500 有17个素数
 501-  600 有14个素数
 601-  700 有16个素数
 701-  800 有14个素数
 801-  900 有15个素数
 901-1000 有14个素数
```

```python
from math import sqrt
def isPrime(n):
        m=int(sqrt(n))
        for i in range(2,m+1):
                if n%i==0:
                        return False
        return True
def countPrimes(start,end):


#主程序
for start in range(1,1000,100):
        print("%3d—%4d 有%d 个素数"%\
            (start,start+99,countPrimes(start,start+99)))
```

5.2 实例:斐波那契数列

斐波那契数列(Fibonacci Sequence),又称费氏数列、黄金分割数列。在数学上,斐波那契数列是以递归的方法来定义:

$$F_1=1$$
$$F_2=1$$
$$F_n=F_{n-1}+F_{n-2}$$

用文字来说,就是斐波那契数列由 1 和 1 开始,之后的斐波那契系数就由之前的两数相加。列几个斐波那契数系数:

1,1,2,3,5,8,13,21,34,55,89,144,233,377,610,987,1597,2584,4181,6765,10946,
....

本节将讨论求第 n 项斐波那契数列系数的函数设计。函数的接口定义相同,函数调用方法相同,但函数的实现方法可以是不同的。

函数设计:
- 函数名:fib
- 接口:n
- 返回值:第 n 项 fib 系数

函数调用:
x=fib(n)

5.2.1 单变量实现

1. 数据描述
使用三个单变量 f1,f2,f3,表示每次计算需要的三个数。

2. 算法设计
算法思路:第 3 个数由前两个数之和计算得到。求得第 3 个数之后,开始准备下一次运算,当前的第 2,3 个数变为下一次运算的第 1,2 个数。

函数算法设计如下:

```
1   如果 n=1,2 返回 1
2   f1,f2 置初值 1
3   循环当 n 大于等于 3
    3.1   计算 f3=f1+f2
    3.2   f2=>f1,f3=>f2
    3.3   n 减一
4   返回 f3
```

3. 程序实现
打开实验文件 sy5-4.py,按算法描述,完整程序。

```
def fib(n):
        if n<=2:
                return 1
            (1)
        while n>=3:
```

```
            f3=_____(2)_____
            f1,f2=_____(3)_____
            n=_____(4)_____
    return _____(5)_____

n=int(input("n="))
print(fib(n))
```

5.2.2 列表实现

1. 数据描述

使用列表 FL 存放费波那契数列。

2. 算法设计

算法思路:数列的前两项是 1,从第三项起:FL[i]=FL[i−1]+FL[i−2],FL[n−1]或 F[−1]是第 n 项费波那契数列系数

函数算法设计如下:

```
1  如果 n=1,2 返回 1
2  FL 置初值[1,1]
3  下标 i 置初值 2,指向第三项
4  循环当 i 小于 n
   4.1  追加 FL[i−1]+FL[i−2]到 FL
   4.2  i=i+1
5  返回列表最后一项
```

3. 程序实现

打开实验文件 sy5‐5.py,按算法描述,完整程序。

```
def fib(n):
        if n<=2:
                return 1
        FL=_____(1)_____
        i=2
        while i<n:
                FL._____(2)_____
                i=i+1
        return _____(3)_____

n=int(input("n="))
print(fib(n))
```

5.2.3 字典实现

1. 数据描述

使用字典存放费波那契数列,键值对定义为:

$$<n>:<第 n 项费波那契数列系数>$$

2. 算法设计

算法思路:字典中保存序号和对应的费波那契数列值的键值对,从第 0 项开始,数列从 0 开始,第 1 个数 a 是 0,第二个数 b 是 1,每次将序号和 a 构成的键值对保存到字典中,然后 a,b 向后平移,a 为 b,b 为两数之和。

函数算法设计如下:

```
1  a=0,b=1
2  创建空字典 dic
3  循环 i 从 0 到 n−1
     3.1  将键值对<i,a>添加到字典 dic
     3.2  a 为 b,b 为 a 和 b 之和
4  返回字典 dic
```

3. 程序实现

打开实验文件 sy5-6.py,按算法描述,完整程序。

```
def fib(n):
    a=0
    b=1
    dic=____        #定义字典
    for i in range(n):
        dic[i]=____    #把添加斐波那契数到字典
        a,b=b,a+b
    return ____


#调用函数生成斐波那契数列中的前 20 个斐波那契数
fibonac=____
for key in fibonac:
    print(fibonac[key],end=",")
```

5.2.4 递归函数

递归函数定义的一般算法

$$Fib(n)=\begin{cases} 1 & n=1,2 \\ Fib(n-1)+Fib(n-2) & n>2 \end{cases}$$

递归函数算法实现很简单,从递归公式出发,使用选择结构实现,当 n 为 1 和 2 的使用返回 1,当 n 大于 2 时,返回递归公式。函数算法设计如下:

如果 n 等于 1 或 2 则返回 1
否则返回 Fib(n-1)+Fib(n-2)

打开实验文件 sy5-7.py,按算法描述,完整程序。

```
def Fib(n):
        if n==1 or n==2:
                return_____(1)
        _____(2)_____
n=int(input("n="))
print(Fib(n))
```

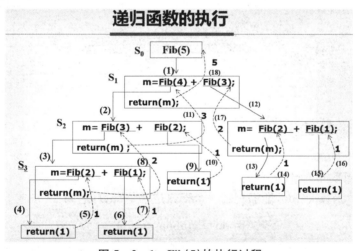

图 5-2-1　Fib(5)的执行过程

递归函数的执行如图 5-2-1 所示,n 为 5,圆括号中的数字是程序执行的顺序。从执行图中可以看到,同一个参数的 Fib 函数被反复调用执行,例如 Fib(2)被调用了 3 次。函数每执行一次,都有开销,而影响程序的执行效率。

5.2.5　优化的递归函数

利用 Python 的数据结构例如字典可以将计算过的函数的值保存起来,这样在执行递归函数的时候,先查阅字典中是否已保存,保存过直接返回值,没有保存过,再执行递归公式,这样就能去除函数的重复计算,提高程序的效率。

定义一个全局字典变量 d_fib 保存费波那契数列系数,格式为:

<n>:<第 n 项费波那契数列系数>

算法设计如下：

1 如果 n 存在在字典关键字中
   则1.1 返回字典值
   否则1.2 计算递归公式获得第 n 项费波那契数列系数 m
     1.3 将新的键值对追加到字典
     1.4 返回 m

打开实验文件 sy5 - 8. py，按算法描述，完整程序。

```
d_fib=_____(1)_____
def Fib(n)：
        if n in d_fib：
                return_____(2)_____
        m=_____(3)_____
        d_fib[n]=_____(4)_____
        return m

n=int(input("n="))
print(Fib(n))
```

5.3 lambda 函数和可变参数

5.3.1 判断奇数

判断奇数的函数 lambda 函数的定义和使用。

（1）编写一个函数 isOdd，能够判断一个整数是否是奇数，返回 True 或 False。

$$>>>isodd=lambda\ x：x\%2==1$$

（2）请写出输入一个数 x，调用 isOdd 函数判断 x 是否是奇数的程序段，并在 Python Shell 中执行。

提示：isodd 函数调用示例。

```
>>>isodd(8)
False
>>>isodd(9)
True
```

（3）请写出求 50～100 之间所有奇数的和的程序段，并在 Python Shell 中执行。

（4）请写出求 50～100 之间所有偶数的和的程序段（使用 isOdd 实现），并在 Python Shell 中执行。

5.3.2　计算任意个数据的乘积

（1）阅读可变参数的 vfunc 函数，仿写 milti 函数实现返回所有参数的乘积。

```
>>>def vfunc(a, * b):
        for n in b:
                a+=n
        return a
>>>vfunc(1,2,3,4,5)
15
```

vfunc 函数定义了可变参数 b，调用 func()函数时输入的(1,2,3,4,5)作为元组传递给 b，与 a 累加后输出。

（2）思考可变参数的可能的引用场合，编写一个使用可变参数的函数。

5.3.3　构造整数

1. 问题描述

求由任意个整数上的个位数构造的新整数并输出。

2. 具体要求

（1）编写 lambda 函数 getLastBit，该函数返回正整数 number 的个位数，例如正整数 1234，则返回 4。

（2）编写可变参数的函数 makeNumber，求任意个整数的个位数构成的一个新整数。

（3）输出(45、81、673、938)4 个数的个位数构成的新整数，得到的新的整数为：5138。请填空完整程序。

3. 程序实现

打开程序文件 sy5_9. py，按照要求完整划线部分的代码，运行并调试。

```
#定义 lambda 函数 getLastBit 返回一个数的个位数
getLastBit=_____

#定义一个可变参数的函数 makeNumber，求任意个整数的个位数构成的一个新整数
def makeNumber(a, * b):
        s=getLastBit(a)



        return s
#输出(45、81、673、938)4 个数的个位数构成的新整数。
print("新整数是%d"%makeNumber(45,81,673,938))
```

运行结果

```
>>>
新整数是 5138
>>>
```

5.3.4　计算平均值

1. 问题描述

计算 3 个整数的算术平均值。

2. 具体要求

创建程序文件 sy5_10. py,定义 lambda 函数 average(x,y,z),输入 3 个整数,调用函数 average 计算平均值并输出。

运行示例如下:

```
>>>
x=13
y=29
z=11
average=17.67
>>>
```

5.4　模块化的程序设计

5.4.1　输出闰年

1. 问题描述

输出 1900 年至今所有的闰年,每行 10 个。

2. 具体要求

(1) 编写 isLeap(year)函数,判断 year 是否为闰年,如果是返回 True 否则 False。

(2) 在主程序中调用 isLeap 函数,完成程序功能。

创建程序文件 sy5_11. py,按照上述要求完成程序功能。

3. 运行结果

>>>									
1904	1908	1912	1916	1920	1924	1928	1932	1936	1940
1944	1948	1952	1956	1960	1964	1968	1972	1976	1980
1984	1988	1992	1996	2000	2004	2008	2012	2016	
>>>									

5.4.2 识别同构数

1. 问题描述

随机输入若干个不超过 2 位的正整数(输入-1 表示输入结束),找出其中所有同构数并排序输出。(正整数 n 若是它平方数的尾部,则称 n 为同构数。如 5 的平方数是 25,且 5 是 25 的尾部,那么 5 就是一个同构数。同理,25 的平方为 625,25 也是同构数)。

2. 具体要求

(1) 输入输出要求如下:输入时要求首先判断输入数位数(1~2 位)是否正确,判断输入内容是否是数字,然后判断是否是同构数,输出的同构数要求从小到大排序,且不重复,结果显示在一行,各同构数间空格分隔。

(2) 函数 isTgs(n)实现的功能是判断一个数是否是同构数,是则返回 True,不是则返回 False。

(3) 函数 check(instr)实现的功能是检查 instr 是否合法,合法则返回字符串对应的整数,不合法返回错误代码。

(4) 函数 getTgs()实现的功能是输入一组数据到-1 结束,将其中 1~2 位的同构数加入到一个列表后返回列表。

(5) 函数 main()实现的功能是获取同构数,输出有序的不重复的同构数。

3. 程序实现

打开程序文件 sy5-12. py,按照要求完整划线部分的代码,运行并调试。

```
def isTgs(n):
        m=n*n
        return str(m)[-len(str(n)):]==_____(1)_____


def check(instr):
        if len(instr)>2 or len(instr)<1:
                return-1
        elif   not instr._____(2)_____:    #输入的是非数字字符
                return-2
        else:
                return int(instr)
def getTgs():
        L=[]
        s=input(). strip()
        while s! ="-1":
                n=check(s)
                if n>0 and _____(3)_____:
                        L. append(n)
                _____(4)_____
        return L
```

```
def main():#获取同构数,输出有序的不重复的同构数
        L=getTgs()
        if len(L)==0:
                print("没有同构数")
        else:
                L=list(_____(5)_____)        #去重复
                L. sort()
                print("同构数有:",end="")
                for i in L:
                        print(i,end="")
main()
```

4. 运行实例

```
>>>
76
a9
625
5
1
76
5
15
125
25
—1
同构数有:1 5 25 76
>>>
```

5.4.3 四位玫瑰数

1. 问题描述

四位玫瑰数是4位数的自幂数。自幂数是指一个n位数,它的每个位上的数字的n次幂之和等于它本身。

例如:当n为3时,有$1^3+5^3+3^3=153$,153即是n为3时的一个自幂数,3位数的自幂数被称为水仙花数。

请输出区间【a,b】之间所有4位数的四位玫瑰数,按照从小到大顺序,每个数字一行。a,b为4位数,且a小于等于b。

2. 具体要求

打开程序文件 sy5 - 13.py,程序中给出了模块化的解决方案的部分代码,请根据完成。

(1) isRose(n)函数定义,函数功能:判断 n 是否是四位玫瑰数,是返回 True,不是返回 False。

(2) checkNumber(n)函数定义,函数功能是检查字符串 n 是不是构成 4 位数,是返回整数 n,不是返回-1。

(3) 补充划线处语句,调试程序,使程序能够正确运行。

(4) 输入 a 和 b,如果有多个四位玫瑰数:一行输出一个四位玫瑰数,如果 a 不是四位数,输出:第一个数不是四位数;如果 b 不是四位数,输出:第二个数不是四位数;如果区间内没有四位玫瑰数,输出:此区间没有四位玫瑰数。

3. 部分程序代码

```
def isRose(n): #判断 n 是否是四位玫瑰数,是返回 True,不是返回 False。
    (1) 此处编写函数。

def checkNumber(n): #检查字符串 n 是不是构成 4 位数,是返回整数 n,不是返回-1。
    (2) 此处编写函数。
def printRose(a,b): #输出区间【a,b】之间所有的四位玫瑰数,不存在输出提示信息。
    n=0
    for num in range(a,b+1):
        if ____(3)____:
            print(num)
            n=n+1
    if n==0:
        print("此区间没有四位玫瑰数")


def main():
    a=checkNumber(input())
    if a==-1:
        print("第一个数不是四位数")
        return
    b=checkNumber(input())
    if b==-1:
        print("第二个数不是四位数")
        return
    if a<=b:
        printRose(a,b)
    else:
```

_____(4)_____

main()

3. 运行示例

示例 1
输入：
1000
9999
输出：
1634
8208
9474
示例 2
输入：
3000
6000
输出：
此区间没有四位玫瑰数

5.4.4 程序设计题 跳高成绩预选

1. 问题描述

程序功能：根据现有的若干小组的跳高预选赛比赛成绩，列出每个小组有资格参加初赛的成绩（大于等于初赛资格 142）。

2. 具体要求

（1）程序中需建立函数 passList()，要求如下：

函数有两个形参，第一个为一个序列（或元组），将接收一个小组的成绩；第二个形参接收资格线。

函数从小组成绩中筛选出有初赛资格的成绩（大于等于资格线），将其放入一列表。

函数返回筛选出的该列表。

（2）程序中需建立主函数 main，要求如下：

使用循环体将每个小组成绩以及资格线（142）作为实参调用 passList() 函数，得到有资格参加初赛的成绩列表。

输出每个小组获得参加初赛的成绩列表（组号与成绩之间用制表符分隔，各成绩之间用空格分隔）。

3. 部分程序代码

＃计算每一个预选赛跳高比赛小组中能进入初赛的成绩，初赛资格线：142

```
groups=(
(78,150,90,102,110,141),          #第一组
(149,88,132,95,108,112,143),      #第二组
(100,123,125,99,106,118,133),
(152,86,132,95,70,122,149,124),
)
def passList(scores,lowlimit):
    #TODO: write code... passList()
def main():
    #TODO: write code... main()
main()
```

4. 程序运行结果

```
>>>
获得初赛资格的成绩
第1组:150
第2组:149    143
第3组:
第4组:152    149
```

5.4.5 绝对素数

问题描述

绝对素数是指一个素数的逆序数也是一个素数,且该数不是回文数。例如 17 和 71 都是素数,所以 17 和 71 都是绝对素数。实现功能:输出前 20 个绝对素数。

具体要求

创建程序文件 sy5_15.py,请进行合理的模块化设计实现程序功能,每行显示 10 个,且右对齐。

运行结果

13	17	31	37	71	73	79	97	107	113
149	157	167	179	199	311	337	347	359	389
701	709	733	739	743	751	761	769	907	937
941	953	967	971	983	991	1009	1021	1031	1033

实践 6　文件

『学习目标』

（1）理解掌握文件的操作函数。

（2）能按文件的访问流程读入数据和输出数据。

（3）掌握批量数值数据的内存存储结构构造方式，能够文件中读入批量数值数据到内存存储。

（4）了解批量结构数据的内存存储结构构造方式和读取操作。

（5）掌握批量数据保存到文本文件中的基本方法。

6.1　认识文本文件

本节的任务在 python 交互界面完成，素材文件请先存放在一个固定的目录下，例如 c:\sample 文件夹中，文件名使用绝对路径描述。

6.1.1　活动信息文件的创建和维护

（1）在 c 盘 sample 文件夹中创建 test. txt 文件（sample 文件夹已存在）。

```
>>>f=open(r"c:\sample\test. txt"，"w")
```

（2）在 test. txt 文件中写入 2 条记录。

```
>>>f. write("2014－1－21,东方艺术中心,晚 19:30,维也纳儿童合唱团")
32
>>>f. write("\n2014－6－3,大学生活动中心,晚 18:00,信息学院毕业晚会")
33
```
返回的 32 和 33 表示写入的字符个数。

（3）读取 test. txt 文件的内容，先要关闭以创建方式打开的文件，再以只读方式打开。

```
>>>f. close()
>>>f=open(r"c:\sample\test. txt","r")
>>>print(f. read())
2014-1-21,东方艺术中心,晚 19:30,维也纳儿童合唱团
2014-6-3,大学生活动中心,晚 18:00,信息学院毕业晚会
```

（4）再次逐条读取记录。

```
>>>f. seek(0)          ♯重定位到文件的开头
>>>print(f. readline())
14-1-21,东方艺术中心,晚19:30,维也纳儿童合唱团

>>>print(f. readline())
2014-6-3,大学生活动中心,晚18:00,信息学院毕业晚会
>>>print(f. readline())
```

（5）增加一条记录。以追加方式重新打开 test. txt。

```
>>>f. close()
>>>f=open(r"c:\sample\test. txt", "a")
>>>f. write("2014 - 6 - 20,实验 A 楼 213,早 8:00,计算机考试")
29
>>>f. read()                    ♯追加方式打开的文件不能作读取操作
Traceback(most recent call last):
  File"<pyshell♯33>", line 1, in <module>
    f. read()
io. UnsupportedOperation：not readable
```

（6）以"a+"方式打开 test. txt,读取记录。

```
>>>f. close()
>>>f=open(r"c:\sample\test. txt", "a+")
>>>f. read()            ♯追加方式打开,文件当前位置在文件的末尾,所以读不到内容
"
>>>f. seek(0)
0
>>>print(f. read())
2014-1-21,东方艺术中心,晚19:30,维也纳儿童合唱团
2014-6-3,大学生活动中心,晚18:00,信息学院毕业晚会
2014-6-20,实验 A 楼 213,早 8:00,计算机考试
>>>f. close()
```

6.1.2 实数文件的统计

Source. txt 文件中存放了若干个实数,每行 5 个,以 TAB 键间隔,求其中的最大值、最小值和所有正数之和。假设 Source. txt 文件存放在 c:\sample 目录中。

（1）以只读方式打开 Source. txt 文件,fread 函数读入全部数据,返回字符串,split 函数分

离返回列表对象,赋值给 L1。

```
>>>f=open("c:\\sample\\source. txt")
>>>L1=f. read(). strip(). split()
>>>L1
['-23.53','-23.78','-20.15','-5.35','-45.91','-43.24','47.07','-17.11','-10.41',
'-37.99','-42.09','5.32','16.03','-42.47','-15.72','-28.87','-17.57','47.7','32.63',
'-46.58','-31.42','19.1','39.16','17.31','37.2','-15.03','-35.81','23.89','43.35','47.81',
'44.46','18.24']
>>>f. close()
```

(2) 将列表 L1 中的列表元素逐个转化为 float 类型。

```
>>>L1=[float(L1[i]) for i in range(len(L1))]
>>>L1
[-23.53,-23.78,-20.15,-5.35,-45.91,-43.24,47.07,-17.11,-10.41,-37.99,
-42.09,5.32,16.03,-42.47,-15.72,-28.87,-17.57,47.7,32.63,-46.58,
-31.42,19.1,39.16,17.31,37.2,-15.03,-35.81,23.89,43.35,47.81,44.46,18.24]
```

(3) 求 L1 列表中的最大值、最小值。

```
>>>max(L1),min(L1)
(47.81,-46.58)
```

(4) 求所有正实数之和。使用 filter 函数过滤生成正数列表 L2,sum 函数求和。

```
>>>L2=list(filter(lambda x:x>0,L1))
>>>L2
[47.07,5.32,16.03,47.7,32.63,19.1,39.16,17.31,37.2,23.89,43.35,47.81,44.46,
18.24]
>>>sum(L2)
439.27
```

6.1.3 修改歌词

文本文件 song. txt 中时歌曲《今天是你的生日我的中国》,请作以下修改后,将修改后的歌词显示在屏幕上,并保存在另一个文件中。文件修改效果如图 5-5-1 所示。

(1) 每句歌词后一个回车,删除多余的回车键。

(2) 将歌词中"我的中国"改为"我的祖国"。

(3) 打开 song. txt 文件,使用 read 函数全文读入到一个字符串变量 s 中。

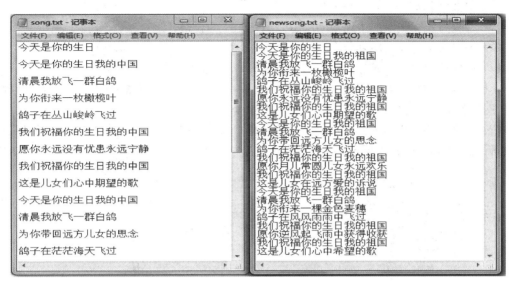

图 6-1-1　歌词文件修改效果对比图

```
>>>f=open("c:\\sample\\song. txt")
>>>s=f. read()
>>>s
'今天是你的生日\n\n今天是你的生日我的中国\n\n清晨我放飞一群白鸽\n\n为你衔来
一枚橄榄叶\n\n鸽子在丛山峻岭飞过\n\n我们祝福你的生日我的中国\n\n愿你永远没
有忧患永远宁静\n\n我们祝福你的生日我的中国\n\n这是儿女们心中期望的歌\n\n今
天是你的生日我的中国\n\n清晨我放飞一群白鸽\n\n为你带回远方儿女的思念\n\n鸽
子在茫茫海天飞过\n\n我们祝福你的生日我的中国\n\n愿你月儿常圆儿女永远欢乐\n\
n我们祝福你的生日我的中国\n\n这是儿女在远方爱的诉说\n\n今天是你的生日我的中
国\n\n清晨我放飞一群白鸽\n\n为你衔来一棵金色麦穗\n\n鸽子在风风雨雨中飞过\n\
n我们祝福你的生日我的中国\n\n愿你逆风起飞雨中获得收获\n\n我们祝福你的生日我
的中国\n\n这是儿女们心中希望的歌'
```

（4）替换内容。

从 s 串的显示可以看到，每行结束由两个'\n'，需要修改为一个'\n'。再将'中国'修改为一个'祖国'，字符串替换可以逐个使用字符串对象的 replace 方法完成。

```
>>>s=s. replace("\n\n","\n")
>>>s=s. replace('中国','祖国')
```

注意：字符串本身是不可修改的，replace 函数返回一个新的字符串对象，重新赋值为 s。

6.1.4　考核评定（fl6-1.py）

1. 问题描述

某职校对学员进行网络工程师岗位技能测试，测试由网络理论，网络组网实践和网络安全

大学程序设计基础实践指导

实践三部分成绩构成，考核评定的规定如下

(1) 后两门课实践课都达到 60 分，总分达到 180 为合格；

(2) 每门课达到 80 分，总分 255 分为优秀；

(3) 总分不到 180 分或有任意一门实践课不到 60 分则不合格。

学员的考核成绩已经汇总到 student. txt 文件中，每行一位学员的考核成绩信息，依次为考号、网络理论成绩，网络组网实践成绩和网络安全实践成绩。

请对该文件中的学员的考核成绩信息进行评定，给出“优秀”、“合格”、“不合格”的评定结果，按每行一条记录(考号，评定结果)写到一个新文件中。

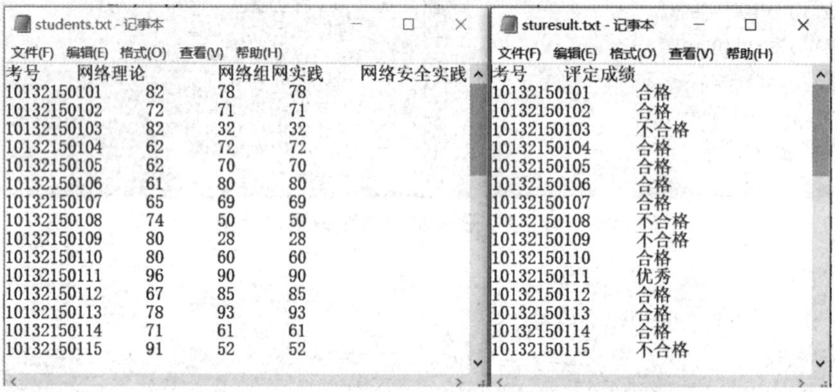
students.txt - 记事本

文件(F) 编辑(E) 格式(O) 查看(V) 帮助(H)

考号	网络理论	网络组网实践	网络安全实践
10132150101	82	78	78
10132150102	72	71	71
10132150103	82	32	32
10132150104	62	72	72
10132150105	62	70	70
10132150106	61	80	80
10132150107	65	69	69
10132150108	74	50	50
10132150109	80	28	28
10132150110	80	60	60
10132150111	96	90	90
10132150112	67	85	85
10132150113	78	93	93
10132150114	71	61	61
10132150115	91	52	52

sturesult.txt - 记事本

文件(F) 编辑(E) 格式(O) 查看(V) 帮助(H)

考号	评定成绩
10132150101	合格
10132150102	合格
10132150103	不合格
10132150104	合格
10132150105	合格
10132150106	合格
10132150107	合格
10132150108	不合格
10132150109	不合格
10132150110	合格
10132150111	优秀
10132150112	合格
10132150113	合格
10132150114	合格
10132150115	不合格

图 6-1-2 学员考核成绩与评定结果对比图

2. 算法分析

编写一个函数根据三门课的考核成绩评定结果，输入参数一位学员的三门课成绩列表，返回评定结果：优秀、合格、不合格。在主程序中从文件中逐个读入学员成绩记录，调用函数做考核判定。创建一个字符串变量，构造新文件的内容。

函数设计：

函数名：judge
接口参数：列表 L(三门课成绩)
返回值：字符串(“优秀”、“合格”、“不合格”)
算法：
如果每门课达到 80 分，总分 255 分则返回“优秀”
否则如果后两门课实践课都达到 60 分，总分达到 180 则返回“合格”
否则返回“不合格”

主程序算法设计：

1 创建输出字符串对象 s，初值为标题。
2 打开文件 student. txt 到文件对象 fin。
3 readlines 读入数据到列表 L，元素为一行字符串
4 删除列表第一个元素：标题行
5 循环迭代访问列表 L 中的元素 line

> 5.1 按空格分离得到的列表赋值给 line
> 5.2 将一个学生的考号连接到 s 串,tab 键分隔
> 5.3 调用函数计算评定成绩,连接到 s 串,以回车结束一行
>
> 6 创建结果文件 sturesult. txt 到文件对象 fout。
>
> 7 将 s 对象写入文件对象 fout。

3. 程序实现代码

```python
def judge(L):
        if L[0]>=80 and L[1]>=80 and L[2]>=80 and sum(L)>=255:
                return'优秀'
        elif L[1]>=60 and L[2]>=60 and sum(L)>=180:
                return'合格'
        else:
                return'不合格'


def main():
        s='考号\t评定成绩\n'
        with open("students. txt","r") as fin:
                L=fin. readlines()
                del L[0]
                for line in L:
                        line=line. split()
                        s+=line[0]+'\t'
                        for i in range(1,len(line)):
                                line[i]=int(line[i])
                        s+=judge(line[1:])+'\n'
        print(s)
        with open("sturesult. txt","w")as fout:
                fout. write(s)
main()
```

6.1.5 计算马拉松邀请赛平均成绩(fl6-2.py)

1. 问题描述

文件 marathon. txt 存放着某城市举办的国际马拉松邀请赛历届比赛成绩,每行为每届比赛前五位选手的比赛成绩(小时:分钟:秒),数据间的分隔符为制表符。计算并屏幕输出每届比赛的平均成绩(以小时:分钟:秒形式表示,秒数值保留 1 位小数),比赛年度和成绩之间以制表符相隔。同时统计并显示平均成绩快于"2:10:30"的年度赛事次数。

程序运行结果如下图所示:

```
>>>
年度  平均成绩
2019 年  2:9:35.0
2018 年  2:10:10.8
2017 年  2:10:46.8
2016 年  2:12:23.4
2015 年  2:10:49.0
平均成绩快于 2:10:30 的年度赛事有 2 次。
>>>
```

2. 算法设计

编写函数,形参为一组含有字符型数据的列表(某届比赛各位选手的比赛成绩),函数计算并返回该组数据的平均成绩(通过整除和求余操作,先将各比赛成绩换算到秒后计算平均成绩(1 小时等于 3600 秒,1 分钟等于 60 秒),然后将结果换算成对应的小时、分钟和秒以数值型列表形式返回[h,m,s])。

函数设计:

```
函数名:calcAvg 计算平均成绩
接口参数:L 为一组含有字符型数据的列表(某届比赛各位选手的比赛成绩)
返回值:平均成绩数值型列表[h,m,s]
算法设计:
1  total 清零
2  循环迭代访问 L 中的每一个成绩 score:
   2.1  将 score 分离为 h,m,s
   2.2  将 h,m,s 换算为秒,累加到 total。
3  求平均值 avgS,单位秒
4  将 avgS 换算回 hour,minute,second
5  返回列表[hour,minute,second]
```

主程序读取 marathon. txt 内的数据,将每行数据中的比赛成绩构建字符型数据列表,利用函数 calcAvg(L),计算平均成绩。统计平均成绩超过 2:10:30 的年度赛事。

```
1  打开文件 marathon. txt,文件对象赋值给 File
2  读标题行
3  计数器清零
4  读一行文本到 lineInfo
5  循环当 lineInfo 不为空
   5.1  分离 lineInfo 返回列表 Ls
   5.2  调用 calcAvg 求平均值
   5.3  输出年度平均成绩
```

6   输出平均成绩快于 2:10:30 的年度赛事有多少次

3. 程序实现

```
def calcAvg(L):
        total=0        #以秒为单位的总时间
        for score in L:
                h,m,s=score. split(":")
                total+=int(h)*3600+int(m)*60+int(s)
        avgS=total/(len(L))
        second=avgS%60
        tmp=avgS//60
        minute=tmp%60
        hour=tmp//60
        return[hour,minute,second]
def main():
        print("年度\t平均成绩")
        with   open("marathon. txt")as File:
                title=File. readline()
                lineInfo=File. readline()
                count=0
                while len(lineInfo)! =0:
                        Lst=lineInfo. split()
                        hh,mm,ss=calcAvg(Lst[1:])
                        print("{:s}\t{:d}:{:d}:{:.1f}". format(Lst[0],int(hh),
                        int(mm),ss))

                        #统计平均成绩快于 2:10:30 的年度
                        if hh*3600+mm*60+ss<2*3600+10*60+30:
                                count+=1
                        lineInfo=File. readline()
                print("平均成绩快于 2:10:30 的年度赛事有%d 次。"%count)
    main()
```

6.2 文件的程序设计

6.2.1 诗歌格式处理

1. 问题描述

文本文件 poem. txt 中存放着若干行英文诗,各行英文诗之间有空行。请隔行读取该文本文件的内容(过滤空行)并全部转成大写字母后在标准输出显示,并统计文件中的字符个数(不含回车)并输出。创建程序文件 sy6 - 1. py,实现以上功能。

```
Heartbeats fast
Colors and promises
How to be brave
How can I love when I'm afraid to fall
```

2. 运行结果

```
HEARTBEATS FAST
COLORS AND PROMISES
HOW TO BE BRAVE
HOW CAN I LOVE WHEN I'M AFRAID TO FALL
```

6.2.2　统计文本文件中行数和字符数

1. 问题描述

文本文件 abc. txt 中存放着若干行字符串,编程实现程序功能:读入文本文件 abc. txt,统计文件中的行数和字符个数(不含回车)并输出。

创建程序文件 sy6 - 2. py,实现以上功能。

```
Hello
World!
Hi!
Computer
Good afternoon
Bye
```

2. 运行结果

```
行数为 6,字符数为 39
```

6.2.3　气温数据统计

1. 问题描述

假设一年的日最高气温数据存放在 temperatures. txt 文件中,每行 10 个,编写程序统计并打印出一年的高温天数(最高温度为华氏 85 或更高),舒适天数(最高温度为华氏 60~85),以及寒冷天数(最高温度小于华氏 60),最后显示平均温度。

创建程序文件 sy6 - 3. py,实现以上功能。

2. 运行结果

```
高温天数:63,舒适天数:162,寒冷天数:140,平均气温:66.7
```

6.2.4 统计总评成绩

1. 问题描述

文本文件 stu_score.txt 存放着某班学生的计算机课成绩,共有学号、平时成绩、期末成绩三列。请根据平时成绩占 40%,期末成绩占 60% 的比例计算总评成绩(取整数,为简单起见,直接转 int,不需四舍五入),并在标准输出上输出。每个学生一行,每行包括学号和总评成绩两列,中间用制表符'\t'分隔。

创建程序文件 sy6‐4.py,实现以上功能。

```
10101611101 75 69
10101611102 52 45
10101611103 81 76
10101611104 77 71
10101611105 78 73
```

2. 运行结果

```
10101611101 71
10101611102 47
10101611103 78
10101611104 73
10101611105 75
```

6.2.5 找出平均分最高的学生

1. 问题描述

文本文件 student_score.txt 中存放着某班所有学生的学号和三门课的成绩,每个学生一行,每行 4 列,分别对应学生的学号和该学生三门课的成绩,各列间以制表符分隔。请编程,找出其中三门课平均分最高的学生,并输出该学生的学号和平均分。

创建程序文件 sy6—5.py,实现以上功能。

2. 运行结果

```
平均分最高的同学的学号:10132150111,平均分:92
```

6.3 文件应用的综合设计

6.3.1 词频统计

1. 问题描述

读入一个文件,自动生成一个词汇表,计算每一个词在文件中出现的次数,将词汇表输出到一个文件中保存。注意:单词的大小不同应视为一个单词,例如:let 和 Let 是一个单词,都转化为小写后处理。创建程序文件 sy6‐6.py,实现以上功能。

freedom.txt 文件是摘选自马丁路德金的演讲稿《I have a dream》如图 6‐3‐1所示。

```
freedom.txt - 记事本
文件(F) 编辑(E) 格式(O) 查看(V) 帮助(H)
Let freedom ring from the mighty mountains of New York !
Let freedom ring from the heightening Alleghenies of Pennsylvania !
Let freedom ring from the snowcapped Rockies of Colorado !
Let freedom ring from the curvaceous slops of California !
But not only that ; let freedom ring from Stone Mountain of Georgia !
Let freedom ring from Lookout Mountain of Tennessee !
Let freedom ring from every hill and molehill of Mississippi !
From every mountainside , let freedom ring !
```

图 6 - 3 - 1　原文内容

2. 运行结果

```
file name:freedom.txt
Word frequency table:

alleghenies     1    and            1    but            1
california      1    colorado       1    curvaceous     1
every           2    freedom        8    from           8
georgia         1    heightening    1    hill           1
let             8    lookout        1    mighty         1
mississippi     1    molehill       1    mountain       2
mountains       1    mountainside   1    new            1
not             1    of             7    only           1
pennsylvania    1    ring           8    rockies        1
slops           1    snowcapped     1    stone          1
tennessee       1    that           1    the            4
york            1
```

图 6 - 3 - 2　运行界面

处理后得到单词的使用频率表文件，如图 6 - 3 - 3 所示：

```
wordlist.txt - 记事本
文件(F) 编辑(E) 格式(O) 查看(V) 帮助(H)
Word frequency table:
alleghenies     1    and            1    but            1
california      1    colorado       1    curvaceous     1
every           2    freedom        8    from           8
georgia         1    heightening    1    hill           1
let             8    lookout        1    mighty         1
mississippi     1    molehill       1    mountain       2
mountains       1    mountainside   1    new            1
not             1    of             7    only           1
pennsylvania    1    ring           8    rockies        1
slops           1    snowcapped     1    stone          1
tennessee       1    that           1    the            4
york            1
```

图 6 - 3 - 3　处理后得到的单词频率表

提示：

（1）单词分离前，先将文件中标点符号等特殊字符替换为空字符。

（2）统计前，将所有单词转换为小写，使用集合可以删除重复单词，获取单词表。按单词表组织循环再计数。

（3）列表 count 函数可以统计数据项的个数。

6.3.2 身份证解析

1. 问题描述

已知客户文本文件（customer.txt）有两列数据：姓名和身份证号，计算客户的年龄和性别，按每行一条记录（姓名、性别、年龄）写到新文件中。

2. 具体要求

（1）请自己查阅身份证编码中提取年龄和性别的方法。

（2）根据当前系统日期计算实足年龄，自行查阅 Python 获取系统时间的方法。图 6-3-4 中的实足年龄根据当前日期为 2019-6-23 计算得到。

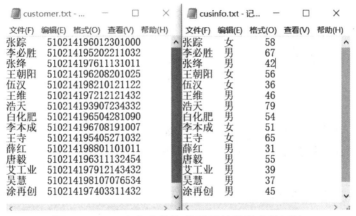

图 6-3-4 客户文件和处理后的结果文件对比

（3）编写一个函数 getXb(s)，参数 s 是一个身份证字符串，返回值为"男或"女"

（4）编写一个函数 getNl(s)，参数 s 是一个身份证字符串，返回值为整数数据年龄

（5）主程序中访问文件，逐条获取客户身份证信息，调用函数 getXb(s)和 getNl(s)获取性别和年龄的信息，写入到新文件中。

创建程序文件 sy6-7.py，实现以上功能。

6.3.3 文件复制

1. 问题描述

编写一个程序，实现文件复制的功能，将一个已存在的文件复制到指定目录。

2. 具体要求

（1）原文件和新文件的名称由程序运行时用户输入。

（2）要考虑文件可以在不同的目录。

（3）检查原文件如果不存在，给出出错提示。

（4）如新文件已存在，需要给出用户提示，同意后继续，否则放弃复制。

创建程序文件 sy6-8.py，实现以上功能。

3. 运行示例

```
>>>===============RESTART==================
>>>
输入原文件名:c:\sample\cusinfo. txt
输入目标文件名:c:\sample\newcusinfo. txt
文件复制成功!
>>>===============RESTART==================
>>>
输入原文件名:c:\smaple\cuseinfo. txt
输入目标文件名:c:\sample\newfile. txt
原文件不存在
>>>===============RESTART==================
>>>
输入原文件名:c:\sample\cusinfo. txt
输入目标文件名:c:\sample\newcusinfo. txt
目标文件已存在,是否覆盖该文件?（Y/N）Y
文件复制成功!
>>>
```

提示:OS 模块提供了 os. path. exists(文件名)的方法检查文件是否存在。

6.3.4 随机实验数据文件

1. 问题描述

创建一个 1 000 人的随机数据实验文件文件中每一个行由姓名、性别、年龄、身高、体重组成。利用实验数据文件进行健康分析。

2. 具体要求

(1) 创建一个有 1 000 行的数据文件 health. txt,第 i 行的姓名假设为 namei,性别随机生成为男或女,年龄随机生成为 18～60 的整数。

(2) 如果为男性,身高生成为 1. 55～1. 95 的浮点数,小数点保留 2 位,体重生成为 55～100 的浮点数,小数点保留 1 位;如果为女性,身高生成为 1. 45～1. 80 的浮点数,小数点保留 2 位,体重生成为 40～80 的浮点数,小数点保留 1 位。

(3) 创建程序文件 sy6 - 9. py 实现随机实验数据文件创建的功能。

(4) 读取文件 health. txt,编写一个程序,计算所有人的 BMI 值。

(5) 将肥胖的人员记录写入到一个新文件 alert. txt。

(6) 分男女生统计平均年龄、平均身高、平均体重。根据 BMI 值统计健康体重比例(18. 5≤BMI<24 为健康体重)。统计结果显示在屏幕上。

(7) 创建程序文件 sy6 - 10. py 实现随机实验数据文件创建的功能。

6.3.5 写诗机

1. 写诗机 1

编写一个程序 sy6 - 11. py,实现写诗机的功能。写诗机的灵感来自于 20 世纪 60 年代风靡欧美的小游戏 Madlibs。程序运行时,用户可以按要求输入一些词,将用户输入的词填入到一个准备好的文本的空格中,一首新的诗歌就诞生了。用户事先不知道原文是什么,按照所输入的词得到的结果可能是非常有趣的。

例如:包含了哈姆雷特独白的输入文件 hamlet.txt 如下所示,尖括号的内容为用户填空的内容。

<verb1>或<verb2>,这是个问题:
是否应默默地忍受<adjective>命运之无情打击,
还是应与深如大海之<noun>苦难奋然为敌,并将其克服。
此二抉择,究竟是哪个较崇高?

图 6-3-5　原文内容

要求编写程序读入此文件,将空格处按用户的输入填空后并显示。下面显示的是一次运行的结果。

>>>============RESTART===================
>>>
动作 1:program
动作 2:not program
形容词:random
名词:bugs

program 或 not program,这是个问题:
是否应默默地忍受 random 命运之无情打击,
还是应与深如大海之 bugs 苦难奋然为敌,并将其克服。
此二抉择,究竟是哪个较崇高?

2. 写诗机 2

改写 sy3-11.py,增加其通用性,可以对任意一个文件进行填空,由用户输入原文件名,就可以得到更多不同的诗。

提示:可以将填空的内容也安排在文件中读入,供程序自动处理。如原文 treeman.txt 如下所示。当然你也可以按自己的想法设计文件格式以适应你独特的算法设计。

3
<adjective1>:填入一个形容街灯的词,后面不加的,如昏暗,昏黄,幽静,寂寞等
<adjective2>:填入一个形容树的词,后面不加的,如枯萎,干枯,死亡,健壮等
<author>:作者
《<adjective1>的街灯》
　　　　　　　　　　<author>
<adjective1>的街灯灵感似的闪了一下
我们的视觉把一个男人从墙角揪了出来
他躺在那里
像一棵<adjective2>的冬青树

图 6-3-6　原文内容

第一行表示需填空的个数 3,后紧跟 3 个填空的描述,描述由两部分构成:前面是文中的替换词如<adjective1>,后部分是输入时用户提示,设计以冒号分割。填空描述完后出现的是带空的正文。

运行示例如下:

\>>>============RESTART====================
\>>>

输入文件名:treeman.txt
填入一个形容街灯的词,后面不加的,如昏暗,昏黄,幽静,寂寞等:
炫目
填入一个形容树的词,后面不加的,如枯萎,干枯,死亡,健壮等:
张牙舞爪
作者:
皓月

《炫目的街灯》
　　　　　皓月
炫目的街灯灵感似的闪了一下
我们的视觉把一个男人从墙角揪了出来
他躺在那里
像一棵张牙舞爪的冬青树
\>>>

实践 7 高维数据格式

『学习目标』

（1）理解高维数据格式的含义。

（2）掌握 CSV 文件的读取、写入和分析处理方法。

（3）掌握 JSON 格式数据的分析和处理方法。

（4）掌握 XML 文件的读取和解析方法。

高维数据指一维以上的数据。如表格，就可看成是由行与列组成的二维数据。相比一维数据，高维数据的分析与处理难度更高，维数太高的话通常需要先进行降维处理。

本实验主要针对三种常用的文本数据格式 CSV、JSON 和 XML，这些格式在信息的表示、传输、存储中十分常用，为大量的应用程序所使用和支持，同时这些格式也内含对高维数据的支持。

7.1 CSV 文件的读取与分析

本节的任务在 Python 交互界面完成，素材文件请先存放在一个固定的目录下，例如 c:\\ sample 文件夹中，文件名使用绝对路径描述。

7.1.1 使用常规文件操作方法创建和读取 CSV 文件

CSV 文件与普通文件没有什么差别，都是文本文件，只是 CSV 文件采用一种特殊的格式存放数据，文件中各行用换行符分隔，行中列与列之间用逗号分隔。所以 CSV 文件的创建、读取和写入可与普通文件一致。

（1）在 c 盘 sample 文件夹中创建 test1. csv 文件（sample 文件夹已存在），并写入标题及 2 条记录。

```
#filename：fl7-1-1. py
f=open("c:\\\\sample\\\\test1. csv","w")
head="name,age,sex,phone"
line1="张三,29,男,11111111"
line2="李四,21,男,22222222"
print(head,file=f)    #将 head 内容写入参数 file 指定的文件
print(line1,file=f)
print(line2,file=f)
f. close()
```

写入成功的 csv 文件可用记事本查看，也可用 Excel 软件打开，打开后还可另存为 xls/ xlsx 格式。

大学程序设计基础实践指导

（2）读取 test1.csv 文件的内容，并在标准输出上显示。

```
#filename：fl7-1-2.py
f=open("c:\\\\sample\\\\test1.csv")
text=f.read()
print(text)
f.close()
```

显示结果：

```
>>>
name,age,sex,phone
张三,29,男,11111111
李四,21,男,22222222
>>>
```

7.1.2 使用 CSV 模块创建和读取 CSV 文件

除了以普通文件方式操作 csv 文件外，Python 还提供了 CSV 模块，可以很方便地创建、修改一个 CSV 文件。其中，CSV 模块的 reader 和 writer 对象可用于读取和写入序列。

（1）使用 CSV 模块创建 csv 文件。

```
#filename：fl7-1-3.py
import csv
csvfile=open("c:\\\\sample\\\\test2.csv","w",newline='')#打开文件写
try:
        writer=csv.writer(csvfile)#构造 writer 对象
        writer.writerow(("name","age","sex","phone"))#写入标题行
        writer.writerow(("张三","29","男","11111111"))#写入数据行
        writer.writerow(("李四","21","男","22222222"))
finally:
        csvfile.close()#关闭文件
```

上例中，通过 csv 模块的 writer 方法构造一个 writer 对象，并使用 write 对象的 writerow 方法来写入数据到文件，注意该方法的参数是一个元组或列表，写入时元组或列表中的每个元素将作为一行中的一个字段，字段间默认用逗号分隔。如要使用其他行分隔符，在构造 writer 对象时使用 delimiter 参数指定。

注意，程序在使用 open 函数打开文件时，需指定参数 newline='，如不指定，用 writerow 写入时，会添加空行。

程序运行后，就会在"c:\\sample\\"目录下，生成与 test1.csv 相同内容的 test2.csv

大学程序设计基础实践指导

文件。

（2）使用 CSV 模块读取 csv 文件并显示。

```
#filename：fl7-1-4.py
import csv
csvfile＝open("c:\\\\sample\\\\test2.csv")
lines＝csv.reader(csvfile)        #生成 reader 对象
for line in lines：              #从 reader 对象中遍历各行
    print(line)                  #line 对应 row 对象,是包含行中各字段的列表
csvfile.close()
```

这里,用 csv 模块的 reader 方法构造 reader 对象,该对象是一个包含文件各行内容的列表,类似用文件对象的 readlines 方法得到的列表,但与之不同的是列表中的元素不再是行对应的字符串,而是包含一行中各个字段的列表,称为 row 对象。程序会循环遍历 reader 对象中的各个 low 对象并在标准输出上打印。

程序运行结果：

```
['name','age','sex','phone']
['张三','29','男','11111111']
['李四','21','男','22222222']
```

7.1.3 CSV 文件操作综合实验

北方甲市和南方乙市某一年 1～12 月的平均气温统计表如下图(数据单位为摄氏度)：

月份 城市	1	2	3	4	5	6	7	8	9	10	11	12
北方甲市	−18	−15	0	10	24	28	30	30	25	12	5	−10
南方乙市	5	16	20	25	30	35	38	38	35	30	20	15

假设上表中的数据已放入两个字典变量,格式类似：

city1＝{1:−18,2:−15,3:0,4:10,5:24,6:28,7:30,8:30,9:25,10:12,11:5,12:−10}
city2＝{1:5,2:16,3:20,4:25,5:30,6:35,7:38,8:38,9:35,10:30,11:20,12:15}

使用 Python 编程,完成以下功能：

（1）编写程序文件 sy7-1.py,将这两个城市的气温数据写入一个 CSV 文件,文件名为 city_temp.csv,格式类似：

城市,月份1,月份2,…月份12
北方甲市,−18,−15,…,−10

南方乙市,5,16,…,15

（2）利用步骤（1）中 CSV 文件中的数据,编写程序文件 sy7 – 2. py,求这两个城市的月平均最高和最低气温分别出现在几月份？分别是多少摄氏度？

（3）利用步骤（1）中 CSV 文件中的数据,编写程序文件 sy7 – 3. py,求这两个城市那个月的温差最大？差多少摄氏度？

（4）假如某一农作物,生长周期 7 个月,要求月平均气温 20 摄氏度以上（含 20）,利用步骤（1）中 CSV 文件中的数据,编写程序文件 sy7 – 4. py,判断这两个城市是否满足该农作物的生长要求。

7.2 JSON 格式数据的处理

7.2.1 JSON 格式数据

JSON 作为一种轻量级的数据交换格式,经常被用于数据交换和输出处理。JSON 的主要类型包括字符串、值、对象、和数组,JSON 字符串需用双引号包括,而 JSON 对象类似 Python 的字典,由键值对的元素组成,但不同的是 JSON 对象中元素的键要求是字符串。

（1）一个 JSON 对象的例子。它包括 3 个元素,其中最后一个元素（序号为 2）的值是一个数组。

```
{
    "name":"网站",
    "num":3,
    "sites":["Google","Runoob","Taobao"]
}
```

（2）一个 JSON 对象的例子。该 JSON 对象包含一个元素,键是"employees",值是一个数组,该数组包含 3 个元素,每个元素均是 JSON 对象,其包含 2 个元素。

```
{"employees":[{"firstName":"John","lastName":"Doe"},
{"firstName":"Anna","lastName":"Smith"},
{"firstName":"Peter","lastName":"Jones"}]}
```

7.2.2 使用 json 模块处理 JSON 格式数据

Python 使用 JSON 模块来处理 JSON 格式的数据。JSON 模块包含在 Python 标准库中,不需要额外安装。使用时需用 import 语句载入 JSON 模块。

（1）使用 Python 的 json 模块来处理 JSON 格式数据:

```
# filename: fl7-2-1. py
import json
jsonString={"arrayOfNums":[{"number":0},{"number":1},{"number":2}],\\
"arrayOfFruits":[{"fruit":"apple"},{"fruit":"banana"},{"fruit":"pear"}]}
```

```
jsonObj=json. loads(jsonString)   ♯载入 JSON 格式字符串,返回字典对象
print(jsonObj. get("arrayOfNums"))   ♯获取字典中 key 为 arrayOfNums 的值(该值为
数组)
♯获取字典中 key 为 arrayOfNums 的值(数组)的第 1 个元素(该元素为字典对象)
print(jsonObj. get("arrayOfNums")[1])
♯获取字典中 key 为 arrayOfNums 的值(数组)的第 1 个元素中(字典对象)中 key 为"
number"的值
print(jsonObj. get("arrayOfNums")[1]. get("number"))
```

这里 loads 方法返回的是一个由参数类型决定的 Python 对象(指去除最外层引号后的实际对象类型,这里是字典对象),该对象由 JSON 串中的键/值对构成,可通过键名来获得相应的值。

注意,载入字符串用 loads 方法,载入文件则用 load 方法,该方法的参数是一个 JSON 格式的文件对象。

(2) JSON 文件的读取。

JSON 格式的文件读取有两种方法:

方法一:先将文件(文件名为 stus. json,在实验素材文件夹中)读取出来到一个字符串中,再用 loads 方法载入字符串并生成 JSON 对象。

```
♯filename：fl7-2-2. py
import json
f=open('stus. json',encoding='utf-8')   ♯该 JSON 文件的编码格式是 utf-8,指定用这种
编码格式来打开文件
content=f. read()   ♯使用 loads()方法需要先读文件
jsonObj=json. loads(content)
print(jsonObj)   ♯打印 JSON 对象(jsonObj)的字符串表示
```

方法二:直接用 load 方法载入文件并生成 JSON 对象。

```
♯filename：fl7-2-3. py
import json
f=open('stus. json',encoding="utf-8")
jsonObj=json. load(f)   ♯直接载入文件对象
print(jsonObj)
```

7.2.3　JSON 格式数据处理综合实验

北方甲市和南方乙市某一年 1～12 月的平均气温统计表如下图(数据单位为摄氏度):

月份 城市	1	2	3	4	5	6	7	8	9	10	11	12
北方 甲市	−18	−15	0	10	24	28	30	30	25	12	5	−10
南方 乙市	5	16	20	25	30	35	38	38	35	30	20	15

假设在上述 7.1.3 的实验(1)中已生成 csv 文件 city_temp.csv,格式类似:

    城市,月份1,月份2,…月份12
    北方甲市,−18,−15,…,−10
    南方乙市,5,16,…,15

请编写 Python 程序 sy7-5,读取该 CSV 文件,将数据构造成为 JSON 字符串的形式并在标准输出显示,每个城市对应一个 JSON 字符串。

输出类似:

    北方甲市:{1:−18,2:−15,3:0,4:10,5:24,6:28,7:30,8:30,9:25,10:12,11:5,12:−10}
    南方乙市:{1:5,2:16,3:20,4:25,5:30,6:35,7:38,8:38,9:35,10:30,11:20,12:15}

7.3 XML 文件的读取与分析

XML 是一种常用的使用标签来组织互联网信息内容的标记语言,与 HTML 相比,表达更灵活,非常适合标准化传输数据。Python 提供了 xml. dom. minidom 模块可以将 XML 文件解析为 DOM(文档对象模式)树,其核心是按树形结构处理数据。DOM 解析器读入 XML 文件并在内存中建立一棵"树",该树各节点和 XML 各标记完全对应,接口通过操纵此"树"来处理 XML 中的文件。

7.3.1 XML 文件解析示例

假设有以下一个文件名为"直辖市.xml"的 XML 文件:

```
<? xml version="1. 0" encoding="utf-8" ? >
<country>
    <province name="直辖市">
    <city name="北京"></city>
    <city name="上海"></city>
    <city name="天津"></city>
    <city name="重庆"></city>
    </province>
</country>
```

要求使用 Python 的 xml. dom. minidom 模块对该文档进行解析,统计该文档包含的我国直辖市信息并输出。

具体的参考代码如下:

```
#filename：fl7-3-1. py
import xml. dom. minidom
def get_citys(f)：
    doc＝xml. dom. minidom. parse(f)
    citys＝[]
    provinces＝doc. getElementsByTagName('province')#获取标签为 province 的元素
    for item in provinces：
        entry＝{'province':'','citys':[]}
        province＝item. getAttribute('name')#获取 province 的属性 name 的值
        entry['province']＝province
        for city in item. getElementsByTagName('city')：#获取标签为 city 的元素
            city＝city. getAttribute('name')#获取 city 的属性 name 的值
            entry['citys']. append(city)
        citys. append(entry)
    return citys
#主程序
f＝open("直辖市. xml")
L＝get_citys(f)
print(L)
```

程序运行结果：

```
>>>
[{'province':'直辖市','citys':['北京','上海','天津','重庆']}]
>>>
```

7.3.2 XML 文件解析综合实验

假设文件 citys. xml（该文件在实验素材中）中以 XML 格式存放了我国各省/直辖市/自治区的主要地级城市，格式类似如下。请编写程序 sy7 - 6. py（对应功能 1）和 sy7 - 7. py（对应功能 2），使用 Python 的 xml. dom. minidom 模块对该文档进行解析，完成如下功能：

（1）统计浙江省的地级市有几个，分别是哪些城市？

（2）统计我国哪个省/直辖市/自治区的地级城市最多，输出数量和各城市名称。（如符合要求的省不止一个，找到第一个符合要求的即可。）

实践 8　面向对象的程序设计

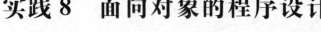

『学习目标』

(1) 了解 Python 语言面向对象编程的基本方法。

(2) 掌握简单类的定义和对象操作的方法。

(3) 理解 __init__() 函数的含义、作用与执行过程。

(4) 理解类继承的概念，能够定义和使用类的继承关系。

8.1　认识类的创建和继承

8.1.1　类的定义和对象的创建（sy8-1.py）

定义一个矩形类，要求其有计算周长、面积以及矩形图形显示等方法（功能），并依据该类创建对象进行简单测试。

1. 分析

此处讨论的矩形为非倾斜矩形，即矩形四边都是水平或垂直方向，因而只要确定其左上角和右下角的 x、y 坐标即可，故该矩形类包含四个数据成员（属性）：left，top（左上角坐标），right，bottom（右下角坐标），考虑采用 __init__() 特殊方法对数据成员赋值，用方法 getPerimeter()，getArea()，draw() 分别实现计算周长、面积和矩形显示等功能。

2. 程序实现

```python
# 定义 Rectangle 类
class Rectangle:
    def __init__(self,x1,y1,x2,y2):
        self.left=x1
        self.top=y1
        self.right=x2
        self.bottom=y2
        # 获取矩形的宽和高
        self.width=self.right-self.left
        self.height=self.bottom-self.top
    def getPerimeter(self):
        perimeter=2*(self.width+self.height)
        return perimeter
    def getArea(self):
        area=self.width*self.height
        return area
```

```
    def draw(self):
        print("左上角:(%d,%d),右下角:(%d,%d)"%(self.left,self.top,self.right,
self.bottom))
        print("[此处画出本矩形!]")
#创建对象并测试
rec1=Rectangle(2,3,12,8)
print("rec1 的图形是:")
rec1.draw()
print("rec1 的周长是:",rec1.getPerimeter())
print("rec1 的面积是:",rec1.getArea())
```

3. 思考

上述的 Rectangle 类采用 __init__()方法对数据成员(属性)赋值,若不采用该特殊方法,那如何处理这些数据成员(属性),又如何获取矩形的长和宽?(sy8-1-1.py)

上述的 draw()方法只是作了象征性的处理,若想显示出矩形图形,可尝试采用 print 语句"画出"矩形的大致图形,然后创建矩形对象测试之。(sy8-1-2.py)

8.1.2　类的继承(sy8-2.py)

某高校欲用现代信息技术管理教学事务。作为练习,现要求创建教师和学生相关的类,并作简单测试。

1. 分析

教师和学生有很多共同的特征,比如姓名、性别和出生日期等,此外他们还拥有一些不同的特征,如教师有职称、薪水、教学任务等,学生有学费、所学课程成绩等。虽然可以分别为师生创建两个独立的类进行处理,但每增加一个共同的特征就意味着在两个类中都要同时增加该特征,考虑到学校还有其他工作人员,人员之间都具有相同特征,若都分开创建独立类的话,将会使系统臃肿不堪,并且极可能产生不相容的情况。一个好的方法是创建一个基类 Member,然后让教师和学生类分别继承它成为 Member 的子类,当系统扩展加入许多其他类型的人员时,只要使新人员类继承 Member 基类,并添加自己特有的属性和方法即可。如此,可大大提高类的处理效率。

2. 程序实现

下面是一小段示例代码:

```
#定义基(父)类
class Member:
    def setInfo(self,xm,xb,lb):
        self.name=xm
        self.gender=xb
        self.type=lb        #type 表示人员类别(lb)
    def show(self):
        print(self.name,self.gender,self.type)
```

```python
#定义教师类
class Teacher(Member):
    def __init__(self,xm,xb,lb):
        Member.setInfo(self,xm,xb,lb)
        self.lecture=[]        #所教课程
    #方法 setLecture()输入教师所教的课程
    def setLecture(self):
        Lectures=input("请输入"+self.name+"所教课程(空格分隔,回车结束)")
        for t in Lectures.split():
            self.lecture.append(t)
    def show(self):
        Member.show(self)
        print("所教课程有:",self.lecture)
#定义学生类
class Student(Member):
    def __init__(self,xm,xb,lb):
        Member.setInfo(self,xm,xb,lb)
        self.course=[]        #所学课程
        self.score=[]          #所学课程对应的成绩
    #方法 setScore()输入学生所学课程和成绩
    def setScore(self):
        Courses=input("请输入"+self.name+"所学课程(空格分隔,回车结束)")
        for t in Courses.split():
            self.course.append(t)
        Scores=input("请输入所学课程对应的成绩(空格分隔,回车结束)")
        for t in Scores.split():
            self.score.append(int(t))
    def show(self):
        Member.show(self)
        print("所学课程为:",self.course,"对应成绩为",self.score)
#创建对象并测试
t1=Teacher("张明","男","教师")
t1.setLecture()
t1.show()
s1=Student("李丽","女","学生")
s1.setScore()
s1.show()
```

对所建类进行测试时,可先创建一教师对象 t1,同时用基本信息(比如"张明,男,教师")

大学程序设计基础实践指导

初始化为该对象,然后根据该对象的授课情况输入具体信息(数据自拟),接着测试 t1 对象显示的信息是否正确;同理,创建学生对象 s1,同时用基本信息(比如"李丽,女,学生")初始化为 s1 对象,然后根据 s1 对象的具体情况,输入 s1 所学课程和对应成绩(数据自拟),接着测试 s1 对象显示的信息是否正确。

3. 思考

如何利用基类 Member 类,定义其他子类,比如图书管理人员、安保人员等? 请编写代码实现之。

8.2 面向对象的程序设计

8.2.1 点(point)类(sy8-3.py)

定义一个简单类:点(Point)类,点的位置由屏幕水平坐标 x,垂直坐标 y 表示,要求用合适方法初始化点的起始位置,然后定义一个方法 move()实现点的移动,再定义一个方法 show()显示当前点的坐标。创建一个对象验证之。

请在下面程序的空白处填入代码,完成题目要求。

```
#定义 Point 类
class Point:
    def __init__(self,x1,y1):        #初始化点的起始位置
        self.x=____(1)____
        self.y=____(2)____
    def move(self,dx,dy):        #水平方向移动 dx,垂直方向移动 dy
        ____(3)____=dx
        ____(4)____=dy
    def show(self):
        print("现在点的位置为:(%d,%d)"%(self.x,self.y))
#创建对象并测试
p1=____(5)____        #创建一 Point 对象 p1,起始位置为(2,3)
p1.show()
____(6)____        #对象 p1 水平方向移动 5,垂直方向移动 6
print("移动后情况")
p1.show()
```

8.2.2 汽车类(sy8-4.py)

创建一个简单的汽车(Car)类,用变量 id 和 curSpeed 分别表示车牌号和当前车速,用方法 changeSpeed()表示改变汽车的速度,用方法 stop()表示停车。创建一个汽车对象,并作简单测试。

请在下面程序的空白处填入代码,完成题目要求。

```
#定义 Car 类
class Car：
    def __init__(self,num,speed=0)：
        self. id=num
        self. curSpeed=speed
    #getID()方法获取车牌号
    def getID(self)：
        return ____(1)____
    # getCurSpeed()方法获取当前车速
    def getCurSpeed(self)：
        return ____(2)____
    def changeSpeed(____(3)____,____(4)____)：
        self. curSpeed=newSpeed
    def stop(self)：
        self. curSpeed=0


#创建对象并测试
c1=Car("沪 A1567")
print("车牌号为"+c1. getID()+"的车起始车速是：",c1. getCurSpeed())
c1. changeSpeed(80)
print(c1. getID()+"变速后,当前车速是：",____(5)____)
c1. stop()
print(c1. getID()+"停车后,当前车速是：",c1. getCurSpeed())
c2=Car("沪 B6567",20)
print("车牌号为"+c2. getID()+"的车起始车速是：",c1. getCurSpeed())
```

8.2.3　账户（Account）类（sy8-5.py）

设计一个可实现基本银行存储业务的账户（Account）类,包括的变量有"账号（id）"和"账户余额（balance）",包括的方法有"存款（deposit）"、"取款（withdraw）"和"显示余额（display）"。

要求定义 Account 类,创建账户类的对象,完成对象的初始化（赋予账号和初始存款）,并利用该对象进行存款、取款和显示账户余额等操作。

8.2.4　员工月薪计算（sy8-6.py）

假设某一小公司打算采用现代信息手段进行人员管理。该公司现有人员为：经理（manager）、技术人员（technician）和销售人员（salesman）。试用类的继承和相关机制实现下述功能：

（1）人员基本信息的显示；

（2）计算并显示员工月薪（月薪计算办法：经理拿保底月薪 10 000 元,技术人员按每小时 50 元领取月薪；销售人员的月薪按当月销售额的 8%提成）。

提示：设计一个基类：员工类（Employee），用来描述所有员工的共同特性，该类应有姓名、性别、职位、薪水等基本信息，并应提供一个显示员工基本信息的方法 showInfo()。经理、技术人员和销售人员对应的类都继承 Employee 类，并添加各自特性（经理增加"保底月薪"属性，技术人员增加"月工作时间"属性，销售人员增加"月销售额"属性），根据月薪计算办法，编程实现各自月薪的处理方法 calcSalary()。

8.2.5 出租车费计算（sy8-7.py）

定义出租汽车 Taxi 类，并创建一对象 tx1，该对象根据乘客所乘的车程收取出租费。编写代码实现之。

提示：Taxi 类可从上述第 2 题 Car 类继承而来成为 Car 类的子类，然后添加 Taxi 类自身方法：setUnitPrice()（定义每公里单价）和 charge()（收取出租费）。setUnitPrice() 接受传入的参数 dj（单价）并将其赋值给对象属性 unitprice（出租费单价），charge() 接受乘客所乘的车程参数 distance，经处理后（处理方式自拟），要求乘客付费。为配合模拟，在 Taxi 类中添加 getOn() 方法，该方法内容为 print("乘客上车!")。

模拟场景：对象 tx1 载乘客上车，车（tx1）启动前进，过了一段时间到达目的地，(tx1)刹车，然后 tx1 调用 charge() 方法，收取乘客的出租费。

大学程序设计基础实践指导

实践 9 异常

『学习目标』

(1) 熟悉各种系统内置异常的名称。

(2) 能够用 try 语句编写简单的异常处理程序。

(3) 理解引发自定义异常的意义。

9.1 认识异常

9.1.1 认识默认异常处理器

直接输入表达式,观察、理解正常现象以及异常引发的默认异常处理器的启动。总结异常名和产生异常的场合

```
>>>for i in range(1,5)
    File "<stdin>",line 1
      for i in range(1,5)
                         ^
SyntaxError：invalid syntax

>>>for1 i in range(1,5)
    File "<stdin>",line 1
      for1 i in range(1,5)
                         ^
SyntaxError：invalid syntax

>>>for1+i
Traceback(most recent call last)：
    File "<stdin>",line 1,in<module>
NameError：name'for1' is not defined

>>>12/0
Traceback(most recent call last)：
    File "<stdin>",line 1,in<module>
ZeroDivisionError：division by zero

>>>import math
```

大学程序设计基础实践指导

```
>>>math. sqrt(2)
1. 4142135623730951

>>>math. sqrt(-2)
Traceback(most recent call last):
    File "<stdin>",line 1,in<module>
ValueError: math domain error

>>>'1'+1
Traceback(most recent call last):
    File "<stdin>",line 1,in<module>
TypeError: Can't convert'int'object to str implicitly

>>>1+'1'
Traceback(most recent call last):
    File "<stdin>",line 1,in<module>
TypeError: unsupported operand type(s)for+:'int'and'str'

>>>str(1)+'2'
'12'

>>>'1'*3
'111'
>>>3*'1'
'111'
>>>'1'*3.1
Traceback(most recent call last):
    File "<stdin>",line 1,in<module>
TypeError: can't multiply sequence by non-int of type'float'

>>>'6'/'2'
Traceback(most recent call last):
    File "<stdin>",line 1,in<module>
TypeError: unsupported operand type(s)for/:'str'and'str'

>>>a=5
>>>str(a)+6
Traceback(most recent call last):
    File "<stdin>",line 1,in<module>
```

TypeError：Can't convert'int'object to str implicitly
```
>>>str(a)+'6'
'56'
>>>print(str(a)+'6')
56
>>>'这是一个数字%d'%a
'这是一个数字5'
>>>'这是一个数字%s'%a
'这是一个数字5'
>>>'这是一个数字%d'%'5'
```
Traceback(most recent call last)：
    File "<stdin>",line 1,in<module>
TypeError：%d format：a number is required,not str

```
>>>4+spam*3
```
Traceback(most recent call last)：
    File "<stdin>",line 1,in<module>
NameError：name'spam'is not defined

```
>>>list=[1,2,3]
>>>list[1]
2
>>>list[3]
```
Traceback(most recent call last)：
    File "<stdin>",line 1,in<module>
IndexError：list index out of range

```
>>>f=open('abc. txt')
```
Traceback(most recent call last)：
    File "<stdin>",line 1,in<module>
FileNotFoundError：[Errno 2] No such file or directory：'abc. txt'

```
>>>int('20')
20
>>>int('hello')
```
Traceback(most recent call last)：
    File "<stdin>",line 1,in<module>
ValueError：invalid literal for int()with base 10：'hello'
```
>>>int(3. 2)
```

```
3
>>>int('3.2')
Traceback(most recent call last):
    File "<stdin>",line 1,in<module>
ValueError: invalid literal for int()with base 10:'3.2'

>>>True+5
6
>>>true+5
Traceback(most recent call last):
    File "<stdin>",line 1,in<module>
NameError: name'true'is not defined

>>>a=None
>>>a
>>>1+a
Traceback(most recent call last):
    File "<stdin>",line 1,in<module>
TypeError: unsupported operand type(s) for+:'int'and'NoneType'
>>>del a
>>>del b
Traceback(most recent call last):
    File "<stdin>",line 1,in<module>
NameError: name'b'is not defined

>>>1000.1**333
Traceback(most recent call last):
    File "<stdin>",line 1,in<module>
OverflowError:(34,'Result too large')

>>>'a'>'b'
False
>>>'a'<'b'
True
>>>1<'2'
Traceback(most recent call last):
    File "<stdin>",line 1,in<module>
TypeError: unorderable types: int()<str()
```

```
>>>a=1
>>>a++
    File "<stdin>",line 1
      a++
         ^
SyntaxError: invalid syntax
>>>a--
    File "<stdin>",line 1
      a--
         ^
SyntaxError: invalid syntax
>>>a+=1
>>>a
2
```

9.1.2　除法练习

打开程序文件 sy9-1.py,程序实现功能为:用户输入被除数和除数,输出答案。

要求:允许使用浮点数;允许用户按 Ctrl+C 中断程序,但要提示用户;提示用户所有的非法输入:非 ASCII 数字、除数为 0、按 Ctrl+Z;异常处理完后,程序立刻终止。

源程序如下,请补充划线部分的异常名,调试程序实现程序功能。

```
'''除法练习'''
try:
    a=float(input('被除数:'))
    b=float(input('除数:'))
    print("%f÷%f=%f"%(a,b,a/b))
except _____:
    print('不要没事按 Ctrl+Z! ')
except _____:
    print('小学没读好? 除数能为 0 吗?')
except _____:
    print('请使用半角的阿拉伯数字! ')
except _____:
        print('你自己中断了程序! ')
```

9.1.3　求直角三角形的直角边

打开程序文件 sy9-2.py,程序实现功能为:让用户输入直角边和斜边的长度,输出第二条直角边的长度。

要求:不允许使用浮点数;允许用户按 Ctrl+C 中断程序,但要提示用户;提示用户所有的非法输入:非 ASCII 数字、直角边大于斜边、浮点数、按 Ctrl＋Z,并将这些非法输入所引起的异常用一个 except 子句匹配;异常处理完后,程序立刻终止。

源程序如下:

```
'''求直角三角形的直角边'''
import math
try:
    a＝int(input('直角边长度:'))
    c＝int(input('斜边长度:'))
    print('直角边长度为%d,斜边长度为%d'%(a,c))
    print('第二条直角边长度为:%f'%math. sqrt(c＊＊2－a＊＊2))
except(ValueError,EOFError):
    print('请使用半角正整数,斜边必须大于直角边,更不要没事按Ctrl＋Z! ')
except KeyboardInterrupt:
    print('你自己中断了程序! ')
```

说明:直角边大于斜边所产生的对负数开根号、输入非 ASCII 正整数这两种错误,都会引发同样的异常——ValueError。

上述程序在运行时,如果用户输入的是负数,程序也能正常运行,不会引发异常,但显示结果有问题,因为负数是不能被允许的。请修改源程序,在用户输入的负数时使用 raise 引发异常,提醒用户。

9.2　异常程序设计

9.2.1　浮点数的计算

1. 问题描述

创建程序文件 sy9－3. py,编写程序以完成如下三个表达式的计算。

$a/(a－b－1)$

$math. sqrt(a＊＊2－b＊＊2)$

$a＊＊b$

2. 具体要求

a、b 两变量中的数,由用户输入;它们可以是浮点数;a 和 b 都必须大于 20;捕捉 Ctrl＋Z;如果有错,让用户继续重新输入;允许用户按 Ctrl＋C 中断程序,但必须输出提示;每次犯错都输出累积的犯错次数,最后成功完成任务时,要是曾经犯过错,还要输出一次犯错次数。

3. 运行示例

```
C:\myPython＞Python sy9-3. py
第一个数:18
第二个数:19
第一个数必须大于第二个数!
```

你犯了 1 次错误!

第一个数:19

第二个数:18

每个数必须大于 20!

你犯了 2 次错误!

第一个数:28

第二个数:27

除数不能为 0!

你犯了 3 次错误!

第一个数:me

请使用半角的阿拉伯数字!

你犯了 4 次错误!

第一个数:^Z

不要没事按 Ctrl+Z!

你犯了 5 次错误!

第一个数:20000

第二个数:200

20000.000000÷(20000.000000−200.000000−1)=1.010152

math.sqrt(20000.000000∗∗2−200.000000∗∗2)=19998.999975

你所输入的数字太大了!

你犯了 6 次错误!

第一个数:28

第二个数:22

28.000000÷(28.000000−22.000000−1)=5.600000

math.sqrt(28.000000∗∗2−22.000000∗∗2)=17.320508

28.000000∗∗22.000000=68782299287045578092179575799808.000000

你犯了 6 次错误!

任务完成!

9.2.2 账单计算

1. 问题描述

有一个纯文本账单文件 bill.txt,其中每一行都是一个浮点数或整数的账目数字,编写程序 sy9-4.py 读取账单文件,并输出每笔账目及其累加值。

2. 具体要求

先用文本编辑器创建账单文件 bill.txt,保存在程序文件所在的同一文件夹中;程序中要读取的账单文件名由用户输入(实际使用时可以读取其它账单文件),如果所提供的文件不存在则输出提醒信息,让用户重新输入文件名;每一秒钟读一行;每读一行,输出累加公式和当前累加结果;读取时或略空行;如果读到非数字,则告知用户出错的数据行号和错误的内容,并退出程序;如果读取所有数据成功,最后再显示一次"总和为……"的信息;在输出数据时,允许用户按 Ctrl+C 中断程序,但必须给出提示;不管运行结果如何,最终必须关闭已打开的文件并给出提示。

假设当前的 bill. txt 文件内容如下:

```
43. 24
235. 3
300
8802
123. 85
```

3. 运行示例

假设程序文件和数据文件都存放在 c:\myPython 文件夹下:正常的运行结果如下:

```
C:\myPython＞Python sy9-4. py
输入账单文件名:bill. txt
0. 000000＋43. 240000＝43. 240000
43. 240000＋235. 300000＝278. 540000
278. 540000＋300. 000000＝578. 540000
578. 540000＋8802. 000000＝9380. 540000
9380. 540000＋123. 850000＝9504. 390000

打开的 bill. txt 文件被关闭了!
总和为 9504. 390000
结束!
```

如果文件名输入错误,则会发生如下情况。

```
C:\myPython＞Python sy9-4. py
输入账单文件名:bill
bill 文件不存在! 请重新输入文件名!
输入账单文件名:bill. txt
0. 000000＋43. 240000＝43. 240000
43. 240000＋235. 300000＝278. 540000
278. 540000＋300. 000000＝578. 540000
578. 540000＋8802. 000000＝9380. 540000
9380. 540000＋123. 850000＝9504. 390000

打开的 bill. txt 文件被关闭了!
总和为 9504. 390000
结束!
```

如果在输出时用户等不及,按了 Ctrl+C,则结果如下。

```
C:\myPython>Python sy9-4.py
输入账单文件名:bill.txt
0.000000+43.240000=43.240000
43.240000+235.300000=278.540000
你是如此的没有耐心,按了 Ctrl+C,程序被你中断了!

打开的 bill.txt 文件被关闭了!
```

现在创建另一账单文件 bill2.txt,内容如下(包括空行和非数字信息)。

```
43.24
235.3
300


dsfjds
8802
123.85
```

程序运行后,读取该文件,文件中空行将被忽略,字母信息将被视为错误数据,并提出警告。结果如下。

```
C:\myPython>Python sy9-4.py
输入账单文件名:bill2.txt
0.000000+43.240000=43.240000
43.240000+235.300000=278.540000
278.540000+300.000000=578.540000
bill2.txt 文件中第 5 行含有无效数字[dsfjds],请修改该文件后再来!

打开的 bill2.txt 文件被关闭了!
```

提示:较为复杂的程序不可能一气呵成,一般先从最基本最主要的功能入手,比如此题中的读取文件中的内容,然后再将一个个次要的功能设计添加进去,比如此题中异常处理,添加一个测试一个,然后再进行总体测试。程序设计一定要站在用户的角度考虑问题,不能仅仅从一个设计者使用该程序的角度出发。

实践 10　探究操作系统

『学习目标』

（1）了解并安装 psutil 模块。

（2）利用 psutil 模块获取计算机硬件相关信息以及操作系统中的一些系统信息。

（3）了解 os 模块。

（4）利用 os 模块对计算机上的文件和目录进行操作。

10.1　查看系统资源

计算机内的各种硬件组成了可供使用的系统硬件资源，各种软件组成了软件资源，操作系统的主要任务就是对这些硬件资源以及软件资源进行统一的管理，因此操作系统必须获得这些资源的详细信息和运行状态。

在 Windows 系统也提供了很多工具让用户了解整个系统的当前状况，比如可以通过任务管理器查看系统正在运行的所有进程详细信息，通过文件资源管理器查看磁盘中的文件以及磁盘的已用和未用空间等。

对于这些状态信息，仅显示给用户看是不够的。在程序运行期间，程序本身如能获取诸多详细的信息，可以对程序的走向以及优化程序的执行带来巨大的帮助。

作为实用性极强的 Python 语言，当然也必须具有这种功能，因此有了 psutil 模块。该模块中所提供的各种工具就能够满足我们的需要。

psutil 模块不在 Python 标准库中，如果 Python 系统中还没有安装 psutil 模块，必须先安装该模块，最简单的方法是：在联网状态下，同时保证 path 系统变量中已存在 Python 的安装目录，此时可于 DOS(Windows 系统)命令行窗口中键入 pip install psutil 命令便可进行在线即时安装。

本章节中所提及的专业名词"目录"(directory)，在 Windows 中被称为"文件夹"。

10.1.1　查看系统信息

1. 获取 CPU 信息

CPU(中央处理器)是计算机最为重要的组成部分，对于一台计算机而言，了解 CPU 的基本信息，就获得了该计算机的最主要性能指标。psutil 中常用的 cpu_count()、cpu_freq()和 cpu_percent()可以分别获得 CPU 的核心数、CPU 的频率以及 CPU 的利用率。简单用法如下表所示。

表 10-1-1 psutil 模块的常用函数

函　　数	功　　能
cpu_count(logical=True)	返回系统中的逻辑 CPU 数量(包括超线程所产生的逻辑内核),如果 logical 为 False,则返回物理核心数(忽略超线程所产生的逻辑内核)
cpu_freq()	返回 CPU 当前、最小、最大频率,单位为 Mhz。它们分别由被返回的命名元组中的 current、min、max 成员表示
cpu_percent(interval=None,percpu=False)	以百分比形式返回表示当前系统范围 CPU 利用率。interval 间隔参数通常设为 1,percpu 参数如果为 True,则返回每一个 CPU 逻辑内核的利用率

通过下述程序便可获得常用的 CPU 信息。

【例 10-1-1】　获取 CPU 信息

```
#import psutil
CPUs=psutil. cpu_count(logical=False)
CPUsLogical=psutil. cpu_count()
CPUfreq=psutil. cpu_freq()
CPUprecent=psutil. cpu_percent(interval=1)
CPUprePer=psutil. cpu_percent(interval=1,percpu=True)
print('物理内核数为:%d' %CPUs)
print('逻辑内核数为:%d' %CPUsLogical)
print('每一物理内核的超线程数为:%d' %(CPUsLogical//CPUs))
print('CPU 频率\n 当前值:%d Mhz\n 最小值:%d Mhz\n 最大值:%d Mhz' %
(CPUfreq. current,CPUfreq. min,CPUfreq. max))
print('当前 CPU 总利用率为:%. 1f%%' % CPUprecent)
print('当前 CPU 各逻辑内核利用率为:%s'% CPUprePer)
```

程序运行结果类似如下:

```
物理内核数为:4
逻辑内核数为:8
每一物理内核的超线程数为:2
CPU 频率
当前值:1792 Mhz
最小值:0 Mhz
最大值:1992 Mhz
当前 CPU 总利用率为:14.8%
当前 CPU 各逻辑内核利用率为:[0.0,64.1,18.8,0.0,0.0,10.9,6.2,1.6]
```

根据所获得的 CPU 信息,有助于决定程序的下一步走向,比如:如果有多核 CPU,可以考虑是否使用并行运算以提高运行速度等。

2. 获取主存信息

主存储器(内存)的当前使用情况信息是另一重要的系统指标,如果内存消耗过度,会导致操作系统不得不频繁地使用交换内存(将暂时不用的内存中的数据存储到硬盘,此时的硬盘存储空间便被模拟成所谓的"虚拟内存")以临时满足程序对内存的需要,此时由于对硬盘进行频繁地读写操作,导致程序运行速度直线下降。因此在程序的运行过程中时时掌握内存消耗情况就显得尤其重要。目前很多系统安装的加速球上显示的就是系统当前已用内存的占比。

psutil 模块中的 virtual_memory()函数可以获取系统的内存信息,所获得的命名元组中几个主要成员以及它们的含义如下:

- total:物理内存总容量,单位为字节。
- available:当前可用物理内存容量(不使用交换内存),单位为字节。
- percent:当前已用内存容量占物理内存总容量的百分比。

除此之外还有其他几个成员像 free、used 等等,这些数据仅仅只能作为参考。

可以通过下述程序中的方法获得当前内存的使用情况。

【例 10-1-2】 获取当前内存使用情况

```
import psutil
mem＝psutil. virtual_memory()
print('总内存:%d' % mem. total)
print('可用内存:%d' % mem. available)
print('已用内存占比:%. 1f%%' % mem. percent)
```

注意该程序中命名元组成员的访问方法。

该程序运行结果类似如下所示。

```
总内存:8479412224
可用内存:5127880704
已用内存占比:39.5%
```

上述程序中的内存单位都为字节,为了方便阅读,可将其转成更大的存储单位,比如 K、M、G。修改后的程序如下所示。

【例 10-1-3】 获取当前内存使用情况-单位转换

```
import psutil

def B2KMG(B):
    if B>=1024 ** 3:
        return str(round(B/1024 ** 3,1))＋'GB'
```

```
    elif B>=1024 ** 2:
        return str(round(B/1024 ** 2,1))+'MB'
    elif B>=1024:
        return str(round(B/1024,1))+'KB'
    else:
        return str(B)+'B'


mem=psutil.virtual_memory()
print('总内存:%s' % B2KMG(mem.total))
print('可用内存:%s' % B2KMG(mem.available))
print('已用内存占比:%.1f%%' % mem.percent)
```

　　程序中自定义了一个将字节转换成 K、M、G 单位的函数 B2KMG()，该函数返回值是一个保留了一位小数并带有单位的字符串，原本 print()函数中字符串格式化运算的内容也做了相应的改变。

　　程序运行结果类似如下所示。

```
总内存:7.9 GB
可用内存:4.8 GB
已用内存占比:39.6%
```

3. 获取虚拟内存信息

　　当主存可用容量不够时，程序运行对主存的需求就得不到满足，程序将无法运行。为了解决这个问题，人们发明了虚拟内存技术。它的基本原理就是在硬盘中预先空出一块区域，称之为"交换区"，当可用内存不够时，系统就将暂时不用的内存中的数据写入这块交换区中，这样内存就暂时空出了一部分可以被程序所使用了。当已被存入交换区的数据被再次要求使用时，系统就再将其读入内存。这样硬盘中的交换区就演变成主存数据的临时存放地，感觉上就好像是内存容量增加了一样，故此将这种技术称之为"虚拟内存"技术。硬盘交换区的中的数据会与内存中的数据不断交换，因此又将这块区域称之为"交换区"。用此方法就能暂时缓解内存不足的问题。当今几乎所有的操作系统都使用了了该技术。

　　psutil 模块中的 swap_memory()函数可以获得交换区的有用信息，该函数返回值为一个命名元组，该命名元组中几个主要成员以及它们的含义如下：

- total:交换存储总容量,单位为字节。
- used:当前已用交换存储容量,单位为字节。
- free:当前可用交换存储容量,单位为字节。
- percent:当前已用交换存储容量占总交换存储总容量的百分比。

　　除此之外还有其它几个成员像 sin、sout 等等，这些数据在 Windows 系统中无用。

　　可以通过下述程序中的方法获得当前交换区的使用情况。

【例 10-1-4】 获取交换区信息

```
import psutil

def B2KMG(B):
    if B>=1024**3:
        return str(round(B/1024**3,1))+'GB'
    elif B>=1024**2:
        return str(round(B/1024**2,1))+'MB'
    elif B>=1024:
        return str(round(B/1024,1))+'KB'
    else:
        return str(B)+'B'

mem=psutil.swap_memory()

print('交换区总容量：  \t%s' % B2KMG(mem.total))
print('交换区已用容量\t%s' % B2KMG(mem.used))
print('交换区已用占比\t%.1f%%' % mem.percent)
print('交换区剩余容量\t%s' % B2KMG(mem.free))
```

程序执行结果类似如下所示。

```
交换区总容量:9.1 GB
交换区已用容量:4.1 GB
交换区已用占比:44.8%
交换区剩余容量:5.0 GB
```

4. 获取分区信息

分区是外部存储(硬盘、光盘、U盘)中的一个最基本的概念,它是用于存储信息的一个个区域。比如 Windows 系统中的所有盘(C:、D:、E:)就建立在已划分的分区之上。一个硬盘之所以要划分分区,目的有两个。

● 为了数据的安全:比如对一个分区进行系统重装时,不会影响另一个分区中的数据文件。

● 提高数据访问速度:当在一个分区中寻找数据时,就不用将寻找范围扩大到其它分区。

分区的使用规则比较复杂,简而言之,分区分为三种,一种叫做主分区,第二种叫做扩展分区,第三种叫做逻辑分区,通常一个物理硬盘最多可以有四个分区,对于 Windows 系统而言,主分区因为它支持启动,因此用于安装操作系统,格式化后便成为 C:盘;一个扩展分区不能直接格式化,它的存在是为了打破只有四个分区的限制,在一个扩展分区中可以创建更多的逻辑分区,每个逻辑分区可以分别被格式化,形成 D:、E:、F:等。分区的划分可以在安装操作系统前进行,也可以在安装操作系统的过程中进行。

对于分区信息的了解，也就是对于磁盘分配及使用状况的了解。psutil 模块中的 disk_partitions 函数可以提供当前系统的此类分区信息。该函数返回一个列表，当前系统中有几个分区，该列表中就有几个成员，每个成员以命名元组的形式存在，每个命名元组中包含的是每个分区的信息，命名元组中几个主要成员以及它们的含义如下：

- device：设备名（例如 Windows 中的盘符）。
- mountpoint：挂载点（Windows 系统中等同于 device）。此概念来源于 Unix 和 Linux 系统，Linux 文件系统所谓"盘"的概念与 Windows 中的不同，整个存储系统只有"根目录"以及"根目录"下的子目录。一个分区作为一个 device 被定义为/dev 中的一个文件，例如：/dev/sda2，一个分区也可以被挂载为系统中根目录下的某一子目录。
- fstype：文件系统类型（Windows 系统中有 FAT、FAT32、NTFS 等）。
- opts：分区的其它信息。以逗号分隔的多个参数，比如 fixed 代表固定硬盘；rw 代表可读写；ro 代表只读；cdrom 代表光驱；removable 表示可移动存储等。

可通过下述程序获得系统当前所有的分区信息。

【例 10 - 1 - 5】 获取当前系统每个分区信息

```
import psutil
print("设备名\t 挂载点\t 文件类型\t 其它")
for part in psutil. disk_partitions():
    print(part. device,part. mountpoint,part. fstype,
    ',part. opts,sep='\t')
```

程序执行结果类似如下所示。

设备名	挂载点	文件类型	其它
C:\	C:\	NTFS	rw,fixed
D:\	D:\	FAT32	rw,removable
E:\	E:\	FAT32	rw,removable
F:\	F:\	FAT	ro,removable

程序循环体中的 print() 函数内的实参采用了隐含续行（定界符内的续行不需要"\"）方式将一个逻辑行分成了两个物理行，同时续航后的空字符串则是为了调整制表符位置以便与输出结果的第一行（表头）中的对应列名对齐。

从运行结果中可看出系统共有四个分区，每个分区一个盘符，除了第一个是固定硬盘外，其余三个都是可移动外存（USB 盘或存储卡）；文件系统类型这里有三种，NTFS 是 WindowsNT 开始使用的最新文件格式（New Technology File System），FAT32（File Allocation Table)格式较为陈旧，在此文件系统格式下，文件最大尺寸不能超过 4 GB，AT 即 FAT16，为微软最早的文件系统格式；前三个盘都是可读写状态，最后一个盘为只读状态（打开了 U 盘的写保护开关）。

从 disk_partitions() 函数中所得到的信息虽然有用但还不够详细，它缺少分区的容量信息，psutil 中的 disk_usage() 函数正好弥补这一缺陷。将分区的挂载点作为调用该函数的实

参,返回值为一个命名元组,该命名元组中成员以及它们的含义如下:

- total:分区总容量,单位为字节。
- used:分区当前已用容量,单位为字节。
- free:分区当前可用容量,单位为字节。
- percent:分区当前已用存储容量占总存储总容量的百分比。

可通过下述程序获得当前系统所有分区的容量信息。

【例 10 - 1 - 6】 获取当前系统每个分区容量信息

```
import psutil
def B2KMG(B):
    if B>=1024 ** 3:
        return str(round(B/1024 ** 3,1))+'GB'
    elif B>=1024 ** 2:
        return str(round(B/1024 ** 2,1))+'MB'
    elif B>=1024:
        return str(round(B/1024,1))+'KB'
    else:
        return str(B)+'B'

print("挂载点\t文件类型\t总容量\t\t已用容量\t剩余容量\t已用占比")
for part in psutil. disk_partitions():
    usage=psutil. disk_usage(part. mountpoint)
    print(part. mountpoint,part. fstype,',',
    B2KMG(usage. total),',',
    B2KMG(usage. used),',',
    B2KMG(usage. free),',',
    usage. percent,sep='\t')
```

程序执行结果类似如下所示。

挂载点	文件类型	总容量	已用容量	剩余容量	已用占比
C:\	NTFS	237.2 GB	102.6 GB	134.7 GB	43.2
D:\	FAT32	115.3 GB	25.1 GB	90.2 GB	21.8
E:\	FAT32	14.6 GB	4.7 GB	9.9 GB	32.2
F:\	FAT	980.5 MB	962.1 MB	18.4 MB	98.1

但此程序在带有光驱的电脑上运行时,结果令人意想不到。当光驱中有光盘时一切正常,结果可能如下图所示。

挂载点	文件类型	总容量	已用容量	剩余容量	已用占比
C:\	NTFS	500.0 GB	41.7 GB	458.3 GB	8.3
D:\	NTFS	431.5 GB	55.2 GB	376.3 GB	12.8
E:\	CDFS	246.9 MB	246.9 MB	0 B	100.0
F:\	FAT	980.5 MB	962.1 MB	18.4 MB	98.1

结果中可以看到 E:驱动器中的光盘文件系统为 CDFS(Compact Disc File System),随后的容量信息也非常正确。现将光盘取出,E:驱动器中现为无介质状态,此时运行上述程序系统就将报错,程序也随之崩溃。省略了部分错误跟踪信息后的结果如下所示。

挂载点	文件类型	总容量	已用容量	剩余容量	已用占比
C:\	NTFS	500.0 GB	41.7 GB	458.3 GB	8.3
D:\	NTFS	431.5 GB	55.2 GB	376.3 GB	12.8

Traceback(most recent call last):
....
PermissionError：[WinError 21]设备未就绪。:'E'

从所提示的错误中可以得知,程序探测到的分区 E:中由于缺少光盘介质,导致无法获取进一步的数据,程序只能被中断运行。这是典型的运行时错误——程序所需的设备或介质未准备就绪。

为了使得程序能够在这种无法抗拒的错误出现的情况下自行处理错误并继续运行,我们可以在程序中启用一种神奇的异常处理机制,以保证程序继续正常运行而不会崩溃。添加了简单的异常处理机制的程序如下所示。

【例 10-1-7】 获取当前系统每个分区容量信息-异常处理

```
import psutil
def B2KMG(B):
    if B>=1024 ** 3:
        return str(round(B/1024 ** 3,1))+'GB'
    elif B>=1024 ** 2:
        return str(round(B/1024 ** 2,1))+'MB'
    elif B>=1024:
        return str(round(B/1024,1))+'KB'
    else:
        return str(B)+'B'

print("挂载点\t 文件类型\t 总容量\t\t 已用容量\t 剩余容量\t 已用占比")
for part in psutil. disk_partitions():
```

```
print(part. mountpoint,part. fstype,sep='\t',end='\t'*2)
try:
    usage=psutil. disk_usage(part. mountpoint)
    print(B2KMG(usage. total),',',
        B2KMG(usage. used),',',
        B2KMG(usage. free),',',
        usage. percent,sep='\t')
except PermissionError:
    print('光驱内无光盘')
```

当光驱内无光盘时,程序的运行结果如下所示。

挂载点	文件类型	总容量	已用容量	剩余容量	已用占比
C:\	NTFS	500. 0 GB	41. 7 GB	458. 3 GB	8. 3
D:\	NTFS	431. 5 GB	55. 2 GB	376. 3 GB	12. 8
E:\	光驱内无光盘				
F:\	FAT	980. 5 MB	962. 1 MB	18. 4 MB	98. 1

当光驱中有光盘时,一切正常,运行结果上所示。

程序程序 8 - 1 - 7 中新添加了最简单的异常处理语句 try……except。该语句的简单错误处理机制如下:当 try 子句块中的所有语句没有发生任何错误或异常时,立刻跳出 try……except 语句,执行下面的语句。一旦有错误发生,就会抛出特定错误的异常类实例,然后就去找与该错误名(异常类的类名)相对应的 except 子句执行,完成对错误的捕捉和处理,执行完毕后,退出 try……except 语句,继续往下执行。except 与之相匹配的异常类名就来自于程序 10 - 1 - 6 中先前崩溃的出错信息。

从程序本身对错误的捕捉和处理过程中可以看出,异常处理机制是程序设计中必不可少的一部分,它使得你的程序强壮,不会轻易崩溃,给使用程序的用户带来了良好的体验,是程序鲁棒性的集中体现。此后将继续使用该异常处理机制。

5. 查看进程

操作系统中的进程,简而言之就是一个正在运行的程序。进入操作系统后,哪怕用户没有手动执行任何应用程序,系统中也已经有大量的进程在运行了。进程大致可分为前台进程(用户启动的各种应用程序)、后台进程(一些非操作系统自带的系统软件进程)以及操作系统自身的各种服务。磁盘上的程序被执行时,便被载入了内存成为进程,所有的进程都会消耗内存、CPU 等系统资源,直接影响着系统的运行状态。进程就是各种软件的最终表现形式,因此它在操作系统中是极为重要的一个概念。

用户如果启动了文件资源管理器,一个叫做 explorer. exe 的进程就开始了;打开记事本程序,另一个名字为 notepad. exe 的进程也开始了,为了同时编辑第二个文本文件,再一次打开记事本程序,一个新的同样名为 notepad. exe 的进程又开始了,虽然此时有两个名字都叫做

notepad. exe 的进程,但它们启动时系统自动为它们产生的进程号 pid 是不一样的,系统便以此来区分两个同名但不同进程的记事本进程,因此进程号是系统中某个进程的唯一标识,就如同每个人的身份证号一样。

psutil 模块中的 process_iter()函数可获得当前系统中正在运行着的所有进程信息。该函数返回一个迭代器,迭代器可产生所有进程的实例,因此将该函数放入 for 循环,便能从每一轮循环的循环变量中得到每一个进程的实例。每一个实例主要有以下的属性及方法。

● pid 属性:进程号。当磁盘上的程序被执行载入内存时,操作系统会为每个程序自动生成一个唯一的进程号,每一个进程都有一个和其他进程不同的进程号,用于标识该进程,供操作系统对其进行管控。

● name()方法:获得进程名。该方法返回的是进程名,即进程在磁盘上的名字,比如:notepad. exe、explorer. exe(文件资源管理器)等。如果一个程序被启动多次,那就会有多个相同进程名但不同进程号的进程存在于内存。

● username()方法:获取进程所属用户名。该方法返回进程所属的用户名,比如"SYSTEM"表示系统进程。

● status()方法:获得进程状态。该方法返回一个字符串以表示进程当前状态。比如"running"、"stopped"、"sleeping"等。

● exe()方法:获得进程对应的程序在磁盘上路径。该方法返回的是一个字符串形式的程序目录路径,是绝对路径。

● cwd()方法:获得进程当前工作路径。该方法返回的是一个字符串形式的程序当前工作目录路径,是绝对路径。工作路径是指程序处理的文件所在的路劲。工作路径可以和程序路径相同,也可以不同。

● cpu_percent()方法:获得进程对于 CPU 的占用率。该方法返回的是一个浮点数。如果进程内使用了多线程编程占用了多个 CPU 内核,返回的数值可能会大于 100。

● memory_info()方法:获得进程对内存的占用情况。该方法返回的是一个命名元组,其中比较重要的是"rss"成员,它表示该进程物理内存占用量,单位是字节。这部分内存占用量不能使用硬盘模拟的虚拟交换内存。

了解了进程的主要信息获取途径后,便可借助 psutil. process_iter()函数开始尝试工作了。先建立一个简单的程序如下所示。

【例 10-1-8】 获取进程信息

```
import psutil
for p in psutil. process_iter():
    print(p. pid,p. name(),p. exe(),sep='\t')
```

但此程序运行后并未得到我们想要的结果,而是出现了如下错误,程序再次崩溃了。下图结果中省略了大量的错误跟踪信息,只显示主要的与错误相关的信息。

```
.....................
PermissionError:[Errno 13] Permission denied
During handling of the above exception,another exception occurred:
.....................
psutil. AccessDenied: psutil. AccessDenied(pid=0,name='System Idle Process')
```

出现此类访问许可被拒绝错误的原因是出于对操作系统安全及稳定性的考虑,操作系统中有些关键的系统进程不允许被某些用户随意访问。因此,如果希望避开这些不被允许访问的系统进程,只访问那些普通进程,上述内容中的异常处理机制又有用武之地了。修改后的程序如下所示。

【例 10－1－9】 获取进程信息-异常处理

```
import psutil
for p in psutil. process_iter():
    try:
        print(p. pid,p. name(),p. exe(),sep='\t')
    except psutil. AccessDenied:
        pass
```

程序中只对最后出现的错误进行捕捉,从错误的信息中得知,第一个错误被 psutil 模块中的代码捕捉处理了,处理不了的才能被我们自己的程序捕捉。对错误发生后采取的措施是执行 pass 语句,该语句为空语句,意味着什么都不做,忽略错误,继续前进。空语句虽然什么都不做,但是不能不写,因为语法结构规定冒号后面必须出现语句块,否则就会产生语法错误,这就是 pass 语句之所以存在的意义所在。

由于进程过多,下图中只截取有代表性的几个进程作为参考。

```
.....................
7792   WINWORD. EXE   C:\Program Files\..........\Office16\WINWORD. EXE
.....................
11416 Python. exe       C:\Users\..........\Python\Python37\Python. exe
.....................
21268 explorer. exe     C:\Windows\explorer. exe
```

上述程序成功后,接着可以用这种异常处理机制查看更多的分区信息。程序如下所示。

【例 10－1－10】 获取进程信息-详细-异常处理

```
import psutil
def B2KMG(B):
    if B>=1024**3:
```

大学程序设计基础实践指导

```python
        return str(round(B/1024 ** 3,1))+'GB'
    elif B>=1024 ** 2:
        return str(round(B/1024 ** 2,1))+'MB'
    elif B>=1024:
        return str(round(B/1024,1))+'KB'
    else:
        return str(B)+'B'


import psutil
print('进程号\t进程名\t\t状态\t\t用户\tCPU\t内存')
for p in psutil.process_iter():
    try:
        print(p.pid,
            p.name()[:14],  # 截断过长的名称
            p.status(),',
            p.username().split('\\')[1],  # 只出现用户名,舍弃机器名
            p.cpu_percent(),
            B2KMG(p.memory_info().rss),
            sep='\t')
    except psutil.AccessDenied:
        pass
```

上述程序 10-1-10 中对于过长的进程名称进行了截取,同时舍弃了真正用户名前的机器名前缀,使得输出结果更整齐划一。由于进程过多,下图中只截取有代表性的几个进程作为参考。

进程号	进程名	状态	用户	CPU	内存
0	System Idle Pr	running	SYSTEM	0.0	8.0 KB
⋯⋯⋯⋯⋯					
6168	WINWORD. EXE	running	haohan	0.0	195.7 MB
⋯⋯⋯⋯⋯					
12008	SearchUI. exe	stopped	haohan	0.0	124.2 MB
⋯⋯⋯⋯⋯					
29332	Python. exe	running	haohan	0.0	19.7 MB
⋯⋯⋯⋯⋯					

6. 新建和关闭进程

进程的 terminate() 方法可以强行关闭该进程,无论该进程中数据是否已保存,因此要慎用此方法。下述程序关闭所有已打开的"计算器"进程,"计算器"进程名为"Calculator. exe"

【例 10 - 1 - 11】 #关闭进程

```
import psutil
for p in psutil. process_iter():
    if p. name()=='Calculator. exe':
        p. terminate()
```

Python 不仅能关闭已打开的进程,还能新建一个新的进程(执行一个程序)。新建进程需要用到 psutil 模块,或者 subprocess 模块,后者是 Python 系统所携带的标准库中的模块,无需另外安装。

下述程序 10 - 1 - 12 利用 psutil 模块新建了两个子进程。

【例 10 - 1 - 12】 新建进程- psutil

```
import psutil
import time

notepadP=psutil. Popen('notepad. exe')
ps=r'C:\Program Files\Adobe\Adobe Photoshop CC 2018\Photoshop. exe'
pic=r'C:\Users\haohan\Documents\Scanned Documents\校园. jpg'
psutil. Popen([ps,pic])
time. sleep(10)
notepadP. terminate()
```

上述程序中模块 psutil 中的类型构造器 Popen() 创建了 Popen 类的实例,用其创建新的子进程,所需实参可以是简单的程序文件名,比如"notepad. exe",此时该程序文件所在的目录路径必须要存在于系统的 path 变量中,程序文件才能被正确找到,否则只能将程序文件所在地路径连同程序文件名一起表示出来,比如大名鼎鼎的 photoshop. exe 文件。如果要在创建子进程时同时将一相关的数据文件交付其编辑使用,那就必须提供数据文件名作为程序文件命令行参数,将该数据文件名参数以及程序文件名分别作为一个列表的两个成员,并将该列表作为 Popen() 的实参即可。程序中在运行 photoshop 的同时为其提供一个文件"校园. jpg"。如果希望程序能在读者的电脑上正确显示,那就需修改 photoshop. exe 的实际路径以及图片的实际路径及文件名。程序运行后可以看到被打开的空白"记事本"(notepad. exe)以及立刻可以在 photoshop 中编辑的"校园. jpg"图片。需要注意的是过了 10 秒后"记事本"将被程序关闭,延时所用的是 time 模块中的 sleep() 函数。

在全路径程序文件名和全路径数据文件名这两个字符串中的"\"没有采用转义字符表示法,原因在于字符串常量的前面有一个小写的"r",这代表 raw,也就是表明不要在字符串中进行转义字符的转义工作,保持字符串内所有字符的原样,这就减少了 Windows 系统路径中的"\"要写成"\\"的麻烦。

下述程序 10 - 1 - 13 用 subprocess 模块新建了两个子进程,使用方法与程序 10 - 1 - 12 中的类似。

【程序 10－1－13】 新建进程－subprocess

```
import subprocess
subprocess. Popen('notepad. exe')
ps＝r'C:\Program Files\Adobe\Adobe Photoshop CC 2018\Photoshop. exe'
pic＝r'C:\Users\haohan\Documents\Scanned Documents\校园. jpg'
subprocess. Popen([ps,pic])
```

10.1.2 文件操作

Windows 系统中的文件操作用户通常都会通过文件资源管理器去实现,而应用程序中几乎无时无刻不在对文件进行操作,下面就 Python 中对文件的操作做一简要的介绍。

os 模块(Operating System)顾名思义就是与操作系统相关的最基本的一些功能,其中文件操作便是其中之一。下表所列即为 os 模块中的一些常用函数。

表 10－1－2　os 模块中的一些常用函数

函　数	功　能
getcwd()	返回当前工作目录
chdir(path)	将当前工作目录设置成 path
listdir(path＝'.')	以列表返回指定目录 path 或当前工作目录(path 的缺省值)中所有文件名和目录名
mkdir(path)	创建目录 path
rename(src,dst)	将文件名或目录名 src 改成 dst
remove(path)	删除指定文件 path。path 在此不能为目录
rmdir(path)	删除指定目录 path
walk(top)	深度遍历目录
os. path 子模块中的常用函数	
path. abspath(path)	获得 path 的绝对路径
path. exists(path)	判断是否存在文件或文件夹 path。返回逻辑值 True 或 False
path. isdir(path)	判断 path 是否为一个目录。返回逻辑值 True 或 False
path. isfile(path)	判断 path 是否为一个文件。返回逻辑值 True 或 False
path. join(path, * paths)	将多个路径合并为一个路径并返回。该函数与字符串合并运算符"＋"的区别在于:按照操作系统的不同,自动添加"\"或"/"作为路径中最常用的分隔符
path. split(path)	将路径 path 拆分成头和尾两部分,通常用于将全路径文件描述的文件拆分成路径和文件名

函　　数	功　　能
path. splitdrive(path)	将路径 path 拆分成驱动器号和尾随的路径。在 Windows 系统中表现突出
path. splitext(path)	将 path 拆分成除扩展名以外的前半部分和带"."的扩展名
path. dirname(path)	获得 path 中的目录名。相当于 path. split(path)返回的索引号为 0 的成员
path. basename(path)	获得 path 中的文件名。相当于 path. split(path)返回的索引号为 1 的成员
path. getsize(path)	获得 path 所指文件的大小

表 10-1-2 中的这些函数似乎还不能满足我们的需要，比如对文件以及目录的移动和复制等，这些功能可以在另一个模块 shutil 中找到。

下列程序 10-1-14 用于显示指定目录中的文件名和子目录名。

【例 10-1-14】 os 模块相关-显示单层目录-文件名子目录名交叉出现

```
import os

def B2KMG(B):
    if B>=1024 ** 3:
        return str(round(B/1024 ** 3,1))+'GB'
    elif B>=1024 ** 2:
        return str(round(B/1024 ** 2,1))+'MB'
    elif B>=1024:
        return str(round(B/1024,1))+'KB'
    else:
        return str(B)+'B'


def showFiles(path):
    try:
        files=os. listdir(path)    #得到目录下的文件名和子目录名
    except:
        print(path,'不是一个目录！')
        return
    print(path)  #显示全目录名
    for file in files:   #显示一层目录中的文件和子目录
        fullFileName=os. path. join(path,file)
        if os. path. isdir(fullFileName):   #目录
            print('\t%6s   %s'%('<目录>',file))
```

```
        else：  #文件
            print("\t%8s    %s"%(B2KMG(os. path. getsize(fullFileName)),
file))


path=r'C:\Program Files\internet explorer'
path=os. path. abspath(path)
showFiles(path)
```

程序运行结果如下所示。

```
C:\Program Files\internet explorer
    <目录>  en-US
    51. 5 KB    ExtExport. exe
    52. 5 KB    hmmapi. dll
   501. 5 KB    iediagcmd. exe
   486. 5 KB    ieinstal. exe
   218. 0 KB    ielowutil. exe
   390. 0 KB    IEShims. dll
   804. 3 KB    iexplore. exe
    <目录>  images
    <目录>  SIGNUP
    45. 5 KB    sqmapi. dll
    <目录>  zh-CN
```

从结果中会发现文件名和子目录名交叉出现(按名字进行的排列),显得比较凌乱,我们希望子目录和文件归类显示:子目录名在前,文件名在后。因此程序 10-1-14 需要修改以才能满足我们的要求。程序 10-1-15 即为修改后的程序。

【例 10-1-15】 s 模块相关-显示单层目录-子目录名在前

```
import os
def B2KMG(B)：
    if B>=1024 * * 3：
        return str(round(B/1024 * * 3,1))+'GB'
    elif B>=1024 * * 2：
        return str(round(B/1024 * * 2,1))+'MB'
    elif B>=1024：
        return str(round(B/1024,1))+'KB'
    else：
        return str(B)+'B'
```

```
def showFiles(path):
    try:
        files=os.listdir(path)   #得到目录下的文件名和子目录名
    except:
        print(path,'不是一个目录！')
        return
    print(path)   #显示全目录名
    onlyFiles=[]   #放置非目录的文件
    for file in files:   #显示一层目录中的子目录
        fullFileName=os.path.join(path,file)
        if os.path.isdir(fullFileName):   #目录
            print('\t%6s   %s'%('<目录>',file))
        else:   #文件
            onlyFiles.append(file)
    for file in onlyFiles:   #显示一层目录中的纯文件
        print("\t%8s   %s"%(
B2KMG(os.path.getsize(os.path.join(path,file))),file))


path=r'C:\Program Files\internet explorer'
path=os.path.abspath(path)
showFiles(path)
```

该程序的运行结果如下所示。通过前后两个程序的对比,可以发现:后者在循环遍历输出所有的文件名和子目录名时,只输出子目录名,而将文件名放入另一列表 onlyFiles,在所有的子目录名输出完成后,再循环遍历 onlyFiels 列表输出文件名及文件尺寸。

```
C:\Program Files\internet explorer
      <目录>   en-US
      <目录>   images
      <目录>   SIGNUP
      <目录>   zh-CN
      51.5 KB   ExtExport.exe
      52.5 KB   hmmapi.dll
     501.5 KB   iediagcmd.exe
     486.5 KB   ieinstal.exe
     218.0 KB   ielowutil.exe
     390.0 KB   IEShims.dll
     804.3 KB   iexplore.exe
      45.5 KB   sqmapi.dll
```

当看到结果中的子目录名后,是否想继续往下挖掘子目录中的更深层次的信息呢? 要达到此目的,我们可以继续修改上述程序,便能使其完成深度探索目录和文件的任务。程序 10-1-16 即可深度显示目录内容。

【例 10-1-16】 os 模块相关-深度 dir-子目录名在前

```
import os

def B2KMG(B):
    if B>=1024 ** 3:
        return str(round(B/1024 ** 3,1))+'GB'
    elif B>=1024 ** 2:
        return str(round(B/1024 ** 2,1))+'MB'
    elif B>=1024:
        return str(round(B/1024,1))+'KB'
    else:
        return str(B)+'B'


def showFiles(path,deep=False):
    try:
        files=os.listdir(path)
    except:
        print(path,'不是一个目录! ')
        return
    print(path)    #显示全目录名
    onlyFiles=[]    #放置非目录的文件
    i=0
    while i! =len(files):    #显示一层目录中的纯目录
        fullFileName=os.path.join(path,files[i])
        if os.path.isdir(fullFileName):    #目录
            print('\t%6s  %s'%('<目录>',files[i]))
            i+=1
        else:    #文件
            onlyFiles.append(files[i])
            del files[i]    #删除列表中的文件项
    for file in onlyFiles:    #显示一层目录中的纯文件
        print("\t%8s  %s"%(
B2KMG(os.path.getsize(os.path.join(path,file))),file))
    del onlyFiles    #删除文件项以节约存储空间
    if deep:    #显示所有子目录中的文件和子目录,递归
        while len(files)! =0:
```

```
        showFiles(os. path. join(path,files[0]),True)
        del files[0]    #删除列表中的目录项,节约空间


path=r'C:\Program Files\internet explorer'
path=os. path. abspath(path)
showFiles(path,True)
```

程序运行结果如下所示。

```
C:\Program Files\internet explorer
    <目录>   en-US
    <目录>   images
    <目录>   SIGNUP
    <目录>   zh-CN
    51. 5 KB    ExtExport. exe
    52. 5 KB    hmmapi. dll
    501. 5 KB   iediagcmd. exe
    486. 5 KB   ieinstal. exe
    218. 0 KB   ielowutil. exe
    390. 0 KB   IEShims. dll
    804. 3 KB   iexplore. exe
    45. 5 KB    sqmapi. dll
C:\Program Files\internet explorer\en-US
    2. 5 KB    hmmapi. dll. mui
C:\Program Files\internet explorer\images
    5. 3 KB    bing. ico
C:\Program Files\internet explorer\SIGNUP
    876 B    install. ins
C:\Program Files\internet explorer\zh-CN
    2. 5 KB    ieinstal. exe. mui
    5. 0 KB    iexplore. exe. mui
```

上述程序的函数中添加了一个缺省参数 deep,用于选择是否进行深度探索。对于深度探索的需求,函数使用了递归。同时考虑到目录的深度可能很深(如果给出的起始目录是某个大容量盘的根目录),为了节约内存,代码中多处使用了 del 语句及时删除已经无用的数据以释放内存空间。利用 os 模块中的 walk()函数进行深度遍历目录同样是个极好的选择。

10.2 查看系统资源的程序设计

10.2.1 获取系统信息

（1）按下列要求编写程序 sy10 - 1. py，以获取 CPU、主存、和虚拟内存信息。

① 提示用户并让用户选择 C、M、V、Q 之一，以获得 CPU、主存、虚拟内存信息，Q 代表结束程序。

② 用户输入的半角字符可以是大写也可以是小写。

③ 如果用户输入了其它内容，需提醒错误并让用户重新输入。

④ 运行结果如下所示：

获取系统信息

请选择   C-CPU 信息   M-主存信息   V-虚拟内存信息   Q-退出：V

交换区总容量：   9.1 GB
交换区已用容量： 4.3 GB
交换区已用占比： 46.5%
交换区剩余容量： 4.9 GB

请选择   C-CPU 信息   M-主存信息   V-虚拟内存信息   Q-退出：c

物理内核数为：4
逻辑内核数为：8
每一物理内核的超线程数为：2
CPU 频率
当前值：1792 Mhz
最小值：0 Mhz
最大值：1992 Mhz
当前 CPU 总利用率为：0.6%
当前 CPU 各逻辑内核利用率为：[20.0,0.0,0.0,1.6,0.0,1.6,1.6,0.0]

请选择   C-CPU 信息   M-主存信息   V-虚拟内存信息   Q-退出：u

输入错误，请重新输入！

请选择   C-CPU 信息   M-主存信息   V-虚拟内存信息   Q-退出：m

总内存：7.9 GB
可用内存：4.4 GB

已用内存占比:44.6%

请选择 C-CPU 信息 M-主存信息 V-虚拟内存信息 Q-退出:q

（2）按下列要求编写 sy10-2.py 程序，以获取各个分区信息。

① 先列出本机所拥有的所有盘符，提示用户输入盘符即可获得该盘所属分区信息。提示信息的各个选项根据本机所拥有的所有盘符自动生成。

② 用户输入星号"＊"可显示全部分区盘的信息。

③ 用户输入 quit 则结束程序。

④ 用户的输入可以是半角字符的大写或小写。

⑤ 用户输入的盘符超出了本机所拥有的盘符或星号"＊"，提示用户重新输入。

⑥ 程序运行结果如下所示。

获取分区信息
本机分区如下：
C:\ D:\ E:\ F:\
请选择 C-C盘 D-D盘 E-E盘 F-F盘 ＊-全部盘 quit-退出:c

挂载点	文件类型	总容量	已用容量	剩余容量	已用占比
C:\	NTFS	237.2 GB	103.9 GB	133.3 GB	43.8%

请选择 C-C盘 D-D盘 E-E盘 F-F盘 ＊-全部盘 quit-退出:O

输入错误，请重新输入！

请选择 C-C盘 D-D盘 E-E盘 F-F盘 ＊-全部盘 quit-退出:D

挂载点	文件类型	总容量	已用容量	剩余容量	已用占比
D:\	FAT	31.1 MB	24.7 MB	6.4 MB	79.3%

请选择 C-C盘 D-D盘 E-E盘 F-F盘 ＊-全部盘 quit-退出:e

挂载点	文件类型	总容量	已用容量	剩余容量	已用占比
E:\	FAT32	14.6 GB	4.7 GB	9.9 GB	32.2%

请选择 C-C盘 D-D盘 E-E盘 F-F盘 ＊-全部盘 quit-退出:F

挂载点	文件类型	总容量	已用容量	剩余容量	已用占比
F:\	FAT	980.5 MB	962.1 MB	18.4 MB	98.1%

大学程序设计基础实践指导

```
请选择   C-C盘  D-D盘  E-E盘  F-F盘  *-全部盘  quit-退出：*

挂载点        文件类型      总容量        已用容量      剩余容量      已用占比
C:\          NTFS         237.2 GB     103.9 GB     133.3 GB     43.8％
D:\          FAT          31.1 MB      24.7 MB      6.4 MB       79.3％
E:\          FAT32        14.6 GB      4.7 GB       9.9 GB       32.2％
F:\          FAT          980.5 MB     962.1 MB     18.4 MB      98.1％


请选择   C-C盘  D-D盘  E-E盘  F-F盘  *-全部盘  quit-退出：e

挂载点        文件类型      总容量        已用容量      剩余容量      已用占比
E:\          FAT32        14.6 GB      4.7 GB       9.9 GB       32.2％


请选择   C-C盘  D-D盘  E-E盘  F-F盘  *-全部盘  quit-退出：quit
```

（3）按下列要求编写 sy10‐3.py 程序，以获取相应的当前进程信息。

① 提示用户输入需观察的最耗内存的进程个数，程序即列出当前最耗内存的进程信息，进程个数为即用户所指定的个数。

② 如果用户输入的为非正整数（负数、浮点数、直接回车或其它字符），程序即刻提醒用户输入错误，让用户重新输入。

③ 输入正确后，程序按照进程占用内存量由高到低列出用户所需个数的进程信息。

④ 可考虑将进程信息中的内存一列设计成合适的右对齐状态。

⑤ 程序运行结果如下所示：

```
请输入需观察的最耗内存的进程个数，0-退出：-2
输入出错。必须是正整数，请重新输入！
请输入需观察的最耗内存的进程个数，0-退出：ab
输入出错。必须是正整数，请重新输入！
请输入需观察的最耗内存的进程个数，0-退出：2.3
输入出错。必须是正整数，请重新输入！
请输入需观察的最耗内存的进程个数，0-退出：
输入出错。必须是正整数，请重新输入！
请输入需观察的最耗内存的进程个数，0-退出：5

最耗费内存的5个进程为：
进程号        进程名            状态         用户        CPU       内存
42636        WINWORD.EXE     running      haohan      0.0       213.6 MB

976          explorer.exe    running      haohan      0.0       159.0 MB
```

43124	SearchUI. exe	stopped	haohan	0.0	121. 7 MB
44044	pyscripter. exe	running	haohan	0.0	94. 9 MB
39572	ShellExperienc	stopped	haohan	0.0	74. 9 MB

10.2.2 文件操作

(1) 按下列要求编写 sy10 - 4. py 程序,以获取相应的当前进程信息。

① 提示用户输入所需观察的目录,可以是绝对路径或相对路径,直接回车退出。

② 如用户所输入的不是一个合法的路径,程序即刻提醒用户输入错误,让用户重新输入。

③ 当输入正确后,程序给出该目录的绝对路径名以及其下子目录的个数、文件的个数以及文件的总容量。

④ 程序运行结果如下所示。可以在文件资源管理器中加以验证。如图 10 - 2 - 1 和图 10 - 2 - 2 所示。

统计目录信息

请输入一个目录,直接回车退出:C:\Program Files\internet explorer
目录:C:\Program Files\internet explorer
包含:
4 个目录
13 个文件

文件总尺寸:2627482 字节(2. 5 MB)

请输入一个目录,直接回车退出:c:\abc
c:\abc 不是一个目录,请重新输入!

请输入一个目录,直接回车退出:C:\Program Files\Common Files\system
目录:C:\Program Files\Common Files\system
包含:
11 个目录
60 个文件
文件总尺寸:10578611 字节(10. 1 MB)

请输入一个目录,直接回车退出:

图 10 - 2 - 1

图 10 - 2 - 2

实践 11 Python 图形界面编程初步

『学习目标』

(1) 了解 Python 图形界面编程基本方法。

(2) 进一步体会面向对象思想的实际应用。

11.1 认识 GUI 的控件

11.1.1 动态标签示例（sy11-1.py）

创建包含一个标签和两个按钮的图形界面程序。点击第一个按钮在标签中显示"你好!"，点击第二个按钮在标签中显示"祝你成功!"（界面如下图所示）。

图 11-1-1 动态标签示例

1. 分析

要在同一标签中动态显示文本，可利用 Label 的 config 方法实现。

2. 程序填空

```
from tkinter import    *

＃定义按钮对应的回调函数
def show1():
    lbl1.config(None,____(1)____)
def show2():
    lbl1.config(None,text="祝你成功!")

root=____(2)____
＃创建标签和按钮
lbl1=Label(____(3)____,text='未点击按钮',width=20)
lbl1.grid()
```

大学程序设计基础实践指导

```
btn1＝Button(root,text='显示 1',command＝____(4)____)
btn1. grid()
btn2＝Button(root,text='显示 2',command＝____(5)____)
btn2. grid()
root. mainloop()
```

11.1.2 标签和按钮示例(sy11‑2.py)

创建一图形界面程序,该界面包含一个标签和一个按钮,单击按钮后,标签显示单击的次数(界面如下图所示)。

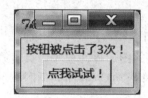

图 11‑1‑2 标签和按钮示例

1. 分析

根据题意,按钮对应的回调函数应能统计点击次数,故需使用全局变量来处理,同时为了显示最新的点击次数,需动态刷新标签。

2. 程序填空

```
from tkinter import    *

count＝____(1)____            ＃count 用于记录单击次数
＃定义按钮的回调函数 show()
def    show():
    global count
    count＝____(2)____
    ＃动态刷新标签
    lbl1. config(None,text＝"按钮被点击了"＋____(3)____＋"次!")

root＝Tk()
lbl1＝____(4)____(root,text='未点击按钮',width＝20)
lbl1. grid()
btn＝Button(root,text='点我试试!',____(5)____＝show)
btn. grid()
root. mainloop()
```

11.1.3 加法运算器（sy11 - 3.py）

编程实现简单的加法运算（界面如下图所示）。该界面包含三个文本框（被加数、加数和结果文本框）、二个标签（加号和等号标签）以及一个按钮（计算按钮），在被加数和加数文本框输入整数后，点击计算按钮，在结果文本框中显示计算结果。

图 11 - 1 - 3　标签和按钮示例

1. 分析
为使多个控件能在窗体中合理布局，使用 grid 较为灵活、方便。

2. 程序填空

```
from tkinter import*

#定义"计算"按钮对应的回调函数 calc()
def ____(1)____:
    num1=int(entry1.get())
    num2=int(____(2)____)
    num3=num1+num2
    entry3.delete(0,END)
    entry3.insert(0,num3)

root=Tk()

#创建三个文本框(被加数和加数框与结果框)和二个标签(加号和等号)
entry1=Entry(root,width=8)
entry2=Entry(root,width=8)
entry3=Entry(root,width=8)
lbl1=Label(root,text="+",width=3)
lbl2=Label(root,text="=",width=3)

#将三个文本框和二个标签置入窗体中
entry1.grid()
lbl1.grid(____(3)____,column=1)
entry2.grid(row=0,____(4)____)
lbl2.grid(row=0,column=3)
entry3.grid(row=0,column=4)
```

大学程序设计基础实践指导

```
#创建"计算"按钮
btn=Button(root,text="计算",command=calc)
btn.____(5)____(column=2)

root.mainloop()
```

11.2 GUI简单程序设计

11.2.1 星期的中英文对照(sy11-4.py)

  编写一个 GUI 程序,该程序包含二个文本框和一个按钮,在第一个文本框输入一个整数(1-7)后,点击按钮,在第二个文本框中显示对应的英语星期表示(界面如下图所示)。

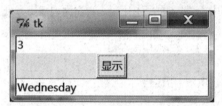

图 11-2-1 星期的中英文对照

11.2.2 简单计算器(sy11-5.py)

  编程实现一个简单计算器(界面如下图所示)。点击第二行的＋、－、＊、/和＊＊按钮时,程序对输入的两个整数进行相应运算,运算结果显示在右面文本框中,同时将左面两个文本框之间的标签更新为所点击的运算符号。

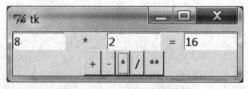

图 11-2-2 简单计算器

11.2.3 简单文本编辑器(sy11-6.py)

  利用单选按钮、复选按钮和多行文本框,编写一个简单文本编辑的程序(界面如下图所示)。点击下方的单选按钮(设置颜色)和复选按钮(设置粗体或/和斜体)时,文本以选中的格式显示。

图 11-2-3 简单文本编辑器

11.2.4　绘制函数（sy11 - 7.py）

编写程序，利用 Canvas 控件，绘制如下图所示的图形。

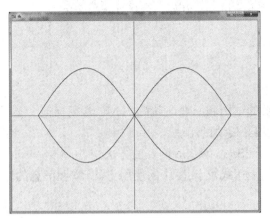

图 11 - 2 - 4　函数效果图

提示：曲线由函数±sin(x)构成，曲线坐标原点处于画布中心，x∈［-π,+π］。

11.2.5　跟踪鼠标位置的图形界面程序（sy11 - 8.py）

编写一个跟踪鼠标位置的图形界面程序，鼠标单击时在所处位置绘制一个十字，同时在窗口上方显示鼠标所在位置的坐标，鼠标双击时擦除所有的内容（界面如下图所示）。

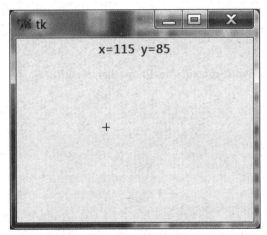

图 11 - 2 - 5　跟踪鼠标位置的图形界面程序

11.2.6　菜单制作（选作）（sy11 - 9.py）

编写程序，在窗口中添加菜单栏，在菜单栏添加菜单项，并添加下拉菜单，通过选择菜单项可以执行不同操作（菜单栏、菜单项和相应操作自拟）。

大学程序设计基础实践指导

实践 12　数据的爬取和分析

『学习目标』

(1) 了解和掌握网页的结构和原理，了解 HTML 常用标记。

(2) 掌握 urllib. request 模块的用法。

(3) 掌握使用 BeautifulSoup 库爬取网页的方法。

(4) 了解和掌握正则表达式及 re 模块的使用方法；掌握信息的查找、匹配、过滤等各种处理方法。

12.1　HTML 文件的读取与分析

本节的任务在 Python 交互界面完成，素材文件请先存放在一个固定的目录下，例如 c:\sample 文件夹中，文件名使用绝对路径描述。

12.1.1　HTML 文件的结构

一个 HTML 文件：sample1. htm

```
sample1.htm - 记事本                                           —    □    ×
文件(F)  编辑(E)  格式(O)  查看(V)  帮助(H)
<html>
<head>
<meta http-equiv="Content-Type" content="text/html;charset=utf-8">
<title>第一章</title>
</head>
<body>
<center>
<h2>第一章 Java概述</h2>
<p>本章主要内容</p>
<br />
<br />
<table border=0 width=70% cellpadding=5>
<ul>
<tr> <td align=left> <li> <a href="stage01.htm">第一节 Java的产生和特点</a> </li> </td> </tr>
<tr> <td align=left> <li> <a href="stage02.htm">第二节 Java的开发和执行环境</li> </a> </td> </tr>
<tr> <td align=left> <li> <a href="stage03.htm">第三节 Java虚拟机JVM</li> </a> </td> </tr>
<tr> <td align=left> <li> <a href="stage04.htm">第四节 一个Java Application和Java Applet例子
</a> </li> </td> </tr>
</ul>
</table>
</center>
</body>
</html>
                                    第19行，第1列    100%   Windows (CRLF)    UTF-8
```

图 12-1-1　sample1. htm 文件内容

显示内容：

图 12－1－2   sample1. htm 文件在浏览器显示画面

在 sample1. htm 文件中，如果除去分段、换行之类只涉及段落或行格式调整的 HTML 标签，则网页中各标签形成的层次结构如下图所示：

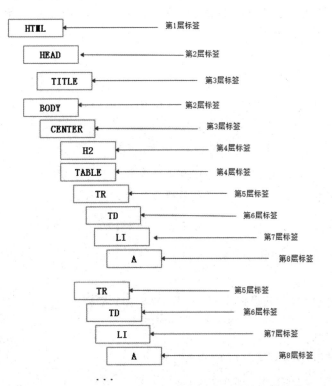

图 12－1－3   sample1. htm 文件中标签形成的层次结构

与前面介绍的使用 DOM 树处理 XML 不同,使用 BeautifulSoup 处理网页时,网页的 HTML 的标签元素并不一定要按层次结构的从属关系来进行访问,BeautifulSoup 可直接定位到某一层的标签,只要定位标签时没有歧义即可。如 bs. a 可直接定位第 8 层的超链接标签。

12.1.2 使用 BeautifulSoup 模块读取和解析 HTML 文件的标签内容

使用 BeautifulSoup 模块,不仅可以读取网站上的网页,也能读取和分析本地的 HTML 文件。

【例 12-1-1】 使用 BeautifulSoup 模块读入本地的 HTML 文件(c:\sample\sample1. htm),解析后打印 title 标签的内容

```
#sample12-1-1
from bs4 import BeautifulSoup

f=open("c:\\sample\\sample1. htm",encoding="utf-8")
bs=BeautifulSoup(f. read(),'html. parser')
title=bs. title
print("标题:",title)
f. close()
```

上例中,打开 sample1. htm 文件时使用了 encoding 参数,指定要打开的文件编码格式,这里是"utf-8"。如果文件打开格式不对,用 BeautifulSoup 解析时可能会报"UnicodeDecodeError"的异常。

程序运行结果:

```
>>>
标题:<title>第一章</title>
>>>
```

【例 12-1-2】 使用 BeautifulSoup 模块读入本地的 HTML 文件(c:\sample\sample1. htm),解析后打印第 1 个超链接的内容及超链接对应的 URL

```
#sample12-1-2
from bs4 import BeautifulSoup

f=open("c:\\sample\\sample1. htm",encoding="utf-8")
bs=BeautifulSoup(f. read(),'html. parser')
print("完整超链接:",bs. a)
print("超链接的 URL:",bs. a. get("href"))
print("超链接的文本内容:",bs. a. get_text())
f. close()
```

这里，bs. a 对应的是网页中首先找到的超链接标签<a>的内容。超链接对应的跳转URL 地址由<a>的属性 href 指定,标签对象的 get 方法可获取相应的属性值。而标签对象的 get_text 方法可获取包含在超链接中的文本,该文本会链接内容在网页上显示。

程序运行结果:

```
>>>
完整超链接:<a href="stage01. htm">第一节  Java 的产生和特点</a>
超链接的 URL：stage01. htm
超链接的文本内容:第一节  Java 的产生和特点
>>>
```

如果网页中某个标签有多个,如超链接标签<a>,要将其全部找出并按一定的规则过滤,则需要使用 BeautifulSoup 的 find_all 方法,并在方法的参数中使用正则表达式。

【例 12-1-3】 使用 BeautifulSoup 模块读入本地的 HTML 文件(c:\sample\sample1. htm),解析后打印第三节内容对应的超链接 URL

这里假设链接文本最前面的文字是小节名(如"第三节 xxx")。

```
#sample12-1-3
import re
from bs4 import BeautifulSoup

f=open("c:\\sample\\sample1. htm",encoding="utf-8")
bs=BeautifulSoup(f. read(),'html. parser')
links=bs. find_all('a')
for link in links:
    if re. match(re. compile('第三节. *'),link. get_text()):
        print("超链接的 URL:",link. get("href"))
f. close()
```

在这里,先使用 BeautifulSoup 的 find_all 方法找出所有的超链接标签,然后在其中查找符合要求的超链接标签。re. compile('第三节. *')给出了符合要求的正则表达式模式,re 的 match 方法尝试从 get_text()方法得到的链接文本对应的字符串的起始位置匹配一个模式,如匹配成功,match 方法返回一个代表真值的 MatchObject 对象(可用于逻辑判断),否则返回None。

程序运行结果:

```
>>>
超链接的 URL：stage03. htm
>>>
```

大学程序设计基础实践指导

12.2 网站数据爬取与处理

万维网(WWW)成为大量信息的载体,如何有效地提取并利用这些信息成为一个巨大的挑战。网络爬虫能够根据用户需要,自动抓取相关网页资源,以供下一步分析和处理。Python 的 BeautifulSoup 库通过定位 HTML 标签来格式化和组织复杂的网络信息,为网络信息采集和处理提供了很多方便。

12.2.1　网站数据爬取实验范例

1. 实验背景

豆瓣(Douban)是一个社区网站,该网站提供关于书籍、电影、音乐等作品的信息,其作品描述和评论都是由用户提供的,为网站用户提供书影音推荐、线下同城活动、小组话题交流等多种服务功能。

在豆瓣网站中,有一张根据网站用户评分得到的电影排行榜,列出了排名前 250 名电影的相关信息,包括电影的中文名称、英文名称、导演、主演、评分、评论数等信息,其对应的网址为:https://movie.douban.com/top250? format＝text。

图 12－2－1　豆瓣电影 Top 250 页面示意图

实验的目的是爬取该网页中用户评分排名前 10 的电影信息。

2. 网页结构分析

HTML 网页中的标记分为单标记和双标记,大部分都是双标记,这些标记是以标签对的形式出现的,如"<html></html>"、"<div></div>"等,整个网页的标签对呈树形结构显示,通常称为 DOM 树。在得到一个网页后,通常需要结合浏览器对其进行元素分析。如前面给出的豆瓣 TOP250 网页,先启动浏览器(这里以谷歌的 Chrome 浏览器为例),在浏览器地址栏输入前面给出的 URL 网址,看到网站内容。鼠标右击第一部电影(如《肖申克的救赎》),在弹出的快捷菜单中选择"审查元素",得到如下图 12－2－2 所示:

图 12 - 2 - 2   豆瓣电影 Top 250 页面代码元素示意图

从图 12 - 2 - 2 中可以看到,最外层的标签对是<div class＝"article"></div>,这里
<div>可定义文档中的分区或节(division/section)。<div>标签可以把文档分割为独立的、
不同的部分。再内层的<ol>标签定义的是有序列表,列表中的每一项由<li></li>组成,
如这里 TOP1 的电影《肖申克的救赎》的相关信息就嵌入在<li></li>标签对中。除电影图
片外,具体的电影信息包含在<div class＝"info">…</div>中,可点击该标签前面的右三角
形图标展开(如图 12 - 2 - 3)。

图 12 - 2 - 3   豆瓣电影 Top 250 页面代码元素展开图

大学程序设计基础实践指导

从这张图中我们可以看到一些关键的页面结构信息。如：每部电影信息是包含在<li></li>中，里面的第一层元素是<div class="item"></div>。这部电影的所有相关信息都包含在这层结构下。所以如果只是简单地爬取网页中各电影对应的所有信息，可用 BeautifulSoup 对象的 find_all 函数，查找所有属性名为"class"，属性值为"item"的对象即可。

3. 示例代码

具体的参考代码如下：

```
#filename：sample12-2-1.py
import urllib.request
import re
from bs4 import BeautifulSoup


#爬虫函数
def crawl(url)：
    headers={'User-Agent':'Mozilla/5.0(Windows NT 10.0；Win64；x64)AppleWebKit/537.36(KHTML,like Gecko)Chrome/65.0.3325.146 Safari/537.36'}
    request=urllib.request.Request(url=url,headers=headers)
    res=urllib.request.urlopen(request)
    contents=res.read().decode('utf-8')
    soup=BeautifulSoup(contents,"html.parser")
    print("豆瓣电影250：序号\t 影片名\t 评分\t 评价人数")
    count=0
    for tag in soup.find_all(attrs={"class":"item"})：
        content=tag.get_text()
        content=content.replace('\n',"")    #删除多余换行
        print(content+'\n')
        count+=1
        if count==10：
            break


#主函数
url="https://movie.douban.com/top250?format=text"
crawl(url)
```

这段代码使用了 urllib 库的 request 模块，并用该模块的 urlopen()方法用来打开并读取网页。但豆瓣网站进行了反爬虫设置，直接读会被网站拒绝。所以代码通过给爬虫设置 headers(User-Agent)属性，模拟浏览器访问网站。网页读取后，就用 BeautifulSoup 对象的 find_all 函数，查找所有属性名为"class"，属性值为"item"的对象，这时会得到网页中所有的电影的对象（默认 25 部），由于网页的电影排名是按序的，所以只要输出前 10 个电影的信息，对应的就是豆瓣电影 TOP10。

12.2.2　实验内容

要求从豆瓣电影 Top 250 页面从爬取排行前 10 的电影的相关信息,包括:序号(即排名)、影片中文名、评分和评价人数这几项信息,并将这些信息写入文件"电影 top10.txt"中。

该文件的内容类似如下:

```
电影top10.txt - 记事本                           —    □    ×
文件(F)  编辑(E)  格式(O)  查看(V)  帮助(H)
豆瓣电影Top10:
序号        影片名             评分        评价人数
1          肖申克的救赎        9.7         1760494

2          霸王别姬            9.6         1300591

3          阿甘正传            9.5         1357029

4          这个杀手不太冷      9.4         1551713

5          美丽人生            9.5         859148

6          泰坦尼克号          9.4         1295144

7          千与千寻            9.3         1386594

8          辛德勒的名单        9.5         697937

9          盗梦空间            9.3         1320546

10         忠犬八公的故事      9.3         896728
```

(提示:序号(排名)对应标签(class＝"item")下的子标签"em"。如果标签(class＝"item")对应的对象为 tag,可用 tag. em. get_text()得到序号,也可用 tag. find('em'). get_text()来获得。电影的中英文名称对应的属性名为"class",属性值为"title",可用 title＝tag. find_all(attrs＝{"class":"title"})来得到标题对象的集合,如果只需中文标题,第一个元素 title[0]即是,再调用 get_text()得到其内容。评分和评价人数信息均包含在属性名为"class"、属性值为"star"的区块中,可一并取出并用 get_text()方法得到对应的文本。评分和评价人数信息之间默认用换行分隔,可用制表符替换。)

12.2.3　思考

(1) 如何获取每部电影的链接?

(2) 如何通过电影链接转到电影详情页面并爬取电影的剧情简介?

实践 13　Python 数据库操作

『学习目标』

(1) 了解 Python 数据库编程基本方法。

(2) 掌握 Python 创建 SQlite3 数据库和数据表的基本操作。

(3) 掌握 Python 在 SQlite3 数据表中添加数据和修改数据的操作。

(4) 掌握 Python 对 SQlite3 数据表进行数据查询的基本方法。

13.1　创建数据库和数据表(sy13-1.py)

现有一网购公司,欲采用数据库技术对客户网购商品信息进行管理。

编写程序 sy13-1.py,要求创建一个 SQlite3 数据库 EBusiness.db,并在该数据库中创建三个数据表 Customer(客户表)、Commodity(商品表)和 Dealing(客户网购表)。

数据表 Customer 含有四列:客户编号(主键)、客户姓名、性别和地区;

数据表 Commodity 含有三列:商品编号(主键)、商品名和单价(real 型);

数据表 Dealing 含有五列:交易编号(主键)、客户编号、商品编号、商品数量(integer 型)和交易日期(text 型,格式为"YYYY-MM-DD")。

13.2　在数据表中添加、删除和更新数据

13.2.1　向数据表添加数据

1. 使用 SQL 插入语句添加少量数据（sy13-2.py）

在数据表 Customer 中添加二条记录:

客户编号	客户姓名	性别	地区
K000001	李伟	男	浙江
K000002	张薇	女	广州

2. 从文本文件导入批量数据（sy13-3.py）

在当前路径下有 3 个文本文件(文件中每行数据间均以西文逗号相隔)data1.txt、data2.txt 和 data3.txt,要求将 data1.txt 中的数据导入到数据表 Customer,将 data2.txt 中的数据导入到数据表 Commodity,将 data3.txt 中的数据导入到数据表 Dealing。

13.2.2　修改数据(sy13-4.py)

编写程序 sy13-4.py,要求将数据表 Commodity 中商品编号为"XXX"的记录删除,并将"打印机"的单价调整为原价的 90%。

13.3 数据查询

13.3.1 单表查询(sy13 - 5.py)

(1) 查询数据表 Customer 中所有数据。

(2) 查询数据表 Customer 中地区为"上海"的所有客户的客户姓名和地区。

(3) 查询数据表 Dealing 中交易日期为 08 月份的所有交易数据。

提示:SQLite 可使用 strftime("格式符",日期字符串)对日期字符串进行操作(格式符%Y,%m,%d 分别表示年份、月份和日)

(4) 查询数据表 Commodity 中所有单价大于等于 100 的商品信息,查询结果按单价降序排列。

(5) 查询数据表 Customer 中所有姓李的客户信息。

(6) 查询数据表 Customer 中姓李名为单字的所有客户信息。

(7) 查询数据表 Customer 中姓名中有"海"字的所有客户信息。

(8) 查询数据表 Commodity 中最大单价、最小单价和商品个数。

13.3.2 多表查询(sy13 - 6.py)

(1) 根据数表表 Customer 和 Dealing,查询所有交易的客户姓名、客户编号、商品编号和交易日期。

(2) 根据数据表 Customer、Commodity 和 Dealing,查询所有交易的客户姓名、商品名、商品数量和交易日期。

(3) 根据数据表 Customer、Commodity 和 Dealing,查询每笔交易金额(商品价格 * 商品数量)大于 300 的客户姓名、商品名、交易金额和交易日期。

实践 14　Python 多线程和网络编程

『学习目标』

(1) 了解 Python 进程和线程。

(2) 掌握 Python 创建多线程编程。

(3) 了解 socket 网络编程。

(4) 掌握 socket 网络编程的基本方法。

14.1　多线程编程

14.1.1　进程、线程和多线程

1. 进程

计算机程序只是存储在磁盘上的二进制(或其他类型)文件,只有把它们加载到内存中并被操作系统调用,才能运行。

进程就是一个执行中的程序,每个进程拥有自己的地址空间,内存,数据栈以及其他用跟踪执行的辅助数据。进程的运行是由操作系统来管理的。进程还能派生新的进程。

2. 线程

在一个程序中,独立运行的程序片段称之为"线程",线程与进程类似,不过它是在进程下运行的,一个进程中至少有一个线程,线程可以作为独立运行和独立调度的基本单位,由于线程比进程更小,基本上不拥有系统资源。所以对它的调度所付出的开销就会小得多,能更高效的提高系统多个程序间并发执行的程度。

3. 多线程

一个进程可以运行多个线程。一个进程的各个线程与主线程共享相同的上下文,共享同一片数据空间。多线程是为了同步完成多项任务,为了提高资源使用效率来提高系统的效率。我们称之为"多线程处理"。

线程包括开始、执行顺序和结束三部分。

14.1.2　Python 中的多线程处理模块

Python 通过两个标准库(_thread,threading)提供了对多线程的支持。_thread 模块是较低层面上的基本接口;threading 模块是基于对象和类的较高层面上的接口。

在内部使用_thread 模块来实现代表线程的对象,包括_thread,threading,Queue 等模块。程序可以用_thread,threading 创建管理线程,_thread 提供了基本的线程和锁丁支持,threading 提供了更高级别的、功能更全面的线程管理。

表 14 - 1 - 1　thread 模块

函　　数	描　　述
start_new_thread(function, args, kwargs=None)	派生一个新的线程,使用给定的 args 和可选的 kwargs 来执行 function
allocate_lock()	分配 LockType 锁对象
exit()	退出线程指令

_thread 模块用 start_new_thread(function, args[, kwargs])函数来产生新线程,
参数说明:

- function -线程函数。
- args -传递给线程函数的参数,他必须是个 tuple 类型。
- kwargs -可选参数。

表 14 - 1 - 2　_thread 锁对象

函　　数	描　　述
acquire(wait=None)	尝试获取锁对象
locked()	获取到了锁对象返回 True,否则返回 False
release()	释放锁

threading 模块提供的方法:

表 14 - 1 - 3　threading 模块的常用方法

函　　数	描　　述
threading. currentThread()	返回当前的线程变量
threading. enumerate()	返回一个包含正在运行的线程的 list。正在运行指线程启动后、结束前,不包括启动前和终止后的线程
threading. activeCount()	返回正在运行的线程数量,与 len(threading. enumerate())有相同的结果

除了使用方法外,threading 线程模块还提供了 Thread 类来处理线程,Thread 类提供了以下方法:

函　　数	描　　述
run()	用以表示线程活动的方法
start()	启动线程活动
join([time])	等待至线程中止。这阻塞调用线程直至线程的 join()方法被调用中止-正常退出或者抛出未处理的异常-或者是可选的超时发生
isAlive()	返回线程是否活动的
getName()	返回线程名
setName()	设置线程名

14.1.3 Python 多线程编程

1. 利用_thread 创建多线程

【例 14 - 1 - 1】 编写程序一边听音乐和一边打游戏

考虑要解决的问题:如何是程序一边播放,一边玩游戏。显然,我们学过的知识中,没有引入多线程编程,是不好实现的。我们可以利用多线程编程解决上面的并行处理问题,当然多线程编程不是真正的并行处理,它与多核并行算法还是有本质区别的,多线程实际上充分利用cpu 的空闲时间来提高它的计算能力。

```python
import _thread
import time
def LessonMusic(id):
    for i in range(0,1000):
        print("{0}->我在听音乐".format(id))
        time.sleep(1)

def PlayGame(id):
    for i in range(0,1000):
        print("{0}->我在打游戏".format(id))
        time.sleep(2)

_thread.start_new_thread(LessonMusic,(0,))
_thread.start_new_thread(PlayGame,(1,))


print("程序结束!")
```

程序中,利用_thread.start_new_thread 来开始一个新线程。

start_new_thread 必需包含两个参数:函数对象(或其他可调用对象)和一个参数元组。该函数开启新线程,并执行所传入的函数对象及其传入的参数。

例 14 - 1 - 1 的运行结果如下:

>>>程序结束! 0->我在听音乐 1->我在打游戏

>>>0->我在听音乐

1->我在打游戏 0->我在听音乐

0->我在听音乐

1->我在打游戏 0->我在听音乐

0->我在听音乐

1->我在打游戏 0->我在听音乐

0->我在听音乐

1->我在打游戏 0->我在听音乐

0->我在听音乐

1->我在打游戏 0->我在听音乐

0-->我在听音乐

1-->我在打游戏 0-->我在听音乐

……

程序中，先运行线程 0，调用 LessonMusic 函数，然后运行线程 1，调用 PlayGame 函数，最后输出 print("程序结束!")，从上面运行结果可以看出，最先输出的是"程序结束!"，然后，"我在打游戏"和"我在听音乐"两个文本交替输出，这说明这两个函数同时都在运行。

2. 使用线程锁

从上面程序运行结果可以发现，两个函数输出内容有时会输出在一行，因为两个线程有相同的上下文，共享同一片数据空间，一个线程的输出没结束，另一线程的输出就运行了，导致输出内容的混乱，为解决这个问题，我们可以引入线程锁来处理线程间的互斥问题。

【例 14-1-2】 使用线程锁编写程序一边听音乐和一边打游戏

```
import _thread as thread
import time

def LessonMusic(id):
    for i in range(0,10):
        mutex. acquire()
        print("{0}-->我在听音乐". format(id))
        mutex. release()
        time. sleep(1)
def PlayGame(id):
    for i in range(0,10):
        mutex. acquire()
        print("{0}-->我在打游戏". format(id))
        mutex. release()
        time. sleep(2)

mutex=thread. allocate_lock()      #创建一个全局锁

thread. start_new_thread(LessonMusic,(0,))
thread. start_new_thread(PlayGame,(1,))

print("程序结束!")
```

thread. allocate_lock()函数创建线程锁，

mutex. acquire()获得线程锁许可，当获得了线程锁，其他线程则暂停等待

mutex. release()解锁

例 14-1-2 的运行结果如下：

程序结束! 0-->我在听音乐

>>>1->我在打游戏

0->我在听音乐

0->我在听音乐

1->我在打游戏

0->我在听音乐

0->我在听音乐

1->我在打游戏

0->我在听音乐

1->我在打游戏

0->我在听音乐

0->我在听音乐

1->我在打游戏

0->我在听音乐

0->我在听音乐

1->我在打游戏

1->我在打游戏

1->我在打游戏

1->我在打游戏

1->我在打游戏

观察 14-1-1 的输出内容中,存在"1->我在打游戏"和"0->我在听音乐"输入再统一行的现象,我们知道,print 函数没有指定 end 参数,输出文本后会换行的,这里没有换行原因是两个函数同时运行的结果,为了解决这中现象,14-1-2 中引入了线程锁,观察 14-1-2 的输出结果,发现"1->我在打游戏"和"0->我在听音乐"就没有输出在同一行的现象。

3. 如何等待线程退出

运行结果,发现,最后一行输出语句在程序没有结束就输出了。

程序主线程中启动了两个线程,对比一般函数调用,线程与主线程同步进行的,所以,主程序中的 print("程序结束!")执行了,线程还没有结束。

【例 14-1-3】 使用引入锁或者全局变量编写程序一边听音乐和一边打游戏

如何知道线程是否结束,可以通过引入锁或者全局变量来解决这个问题。程序代码示例如下:

```
def LessonMusic(id):
    for i in range(0,10):
        mutex.acquire()
        print("{0}->我在听音乐".format(id))
        mutex.release()
        time.sleep(1)
    exitmutexes[0]=True
def PlayGame(id):
    for i in range(0,10):
```

```
        mutex. acquire()
        print("{0}->我在打游戏". format(id))
        mutex. release()
        time. sleep(2)
    exitmutexes[1]=True


import _thread as thread
import time

exitmutexes=[False,False]
mutex=thread. allocate_lock()        #创建一个全局锁

thread. start_new_thread(LessonMusic,(0,))
thread. start_new_thread(PlayGame,(1,))

while False in exitmutexes：
    pass
print("程序结束!")
```

例 14－1－3 的运行结果如下：
0-->我在听音乐
1-->我在打游戏
0-->我在听音乐
1-->我在打游戏
0-->我在听音乐
0-->我在听音乐
1-->我在打游戏
0-->我在听音乐
0-->我在听音乐
1-->我在打游戏
0-->我在听音乐
0-->我在听音乐
1-->我在打游戏
0-->我在听音乐
0-->我在听音乐
1-->我在打游戏
1-->我在打游戏
1-->我在打游戏
1-->我在打游戏

1-->我在打游戏

程序结束！

对比 14-1-1 和 14-1-2 的输出结果,例 14-1-3 的输出结果中,"程序结束！"是两个线程结束后最后输出的,例 14-1-3 引入了全局变量来控制线程结束的。

14.1.4　多线程编程示例

查找素数,下面给出了分别不用线程和使用多线程计算 3～100000 之间的素数的参考代码,请同学们根据下面代码实现查找素数的程序,并运行程序,观察多线程和非多线程之间的时间花费情况。

【例 14-1-4】　不用多线程,编写程序找出 3～100000 之间的素数

```
#找出 2～100000 之间的素数
def IsPrime(num):
    #查看因子
    for i in range(2,num):
        if(num % i)==0:
            return False
    else:
        return True


prime=[]
import time
start=time.clock()
for i in range(2,10001):
    if IsPrime(i):
        prime.append(i)
end=time.clock()


print('运行时间:%s 秒'%(end-start))


for n in prime:
    print(n)
```

【14-1-5】　使用多线程编写程序,找出 3～100000 之间的素数

```
#找出 2～100000 之间的素数
def IsPrime(num):
    #查看因子
    for i in range(2,num):
        if(num % i)==0:
```

```
                return False
        else：
            return True
def FindPrime(myid,lst,startNum,endNum)：
    for i in range(startNum,endNum)：
        if IsPrime(i)：
            lst. append(i)
    exitmutexes[myid]＝True


import _thread as thread
import time
exitmutexes＝[False] * 10


prime＝[]
start＝time. clock()


for i in range(0,10)：
    startNum＝i * 1000
    endNum＝(i＋1) * 1000
    lst＝[]
    prime. append(lst)
    thread. start_new_thread(FindPrime,(i,lst,startNum,endNum))


end＝time. clock()


print('运行时间：%s 秒'%(end-start))


for lst in prime：
    for n in lst：
        print(n)
```

14.1.5 独立实验

根据上面查找素数代码，请同学们分别不用线程和使用多线程计算 3～100000 之间的水仙花数，并运行程序，观察多线程和非多线程之间的时间花费情况。

14.2 网络编程

互联网是 Python 编程语言的一个主要应用领域。互联网编程涉及到类似于 TCP/IP 机制，主要用于处理机器之间传送协议，用到连接到网络接口的套接字，以及 FTP、电子邮件等运行在套接字接口之上的高层协议，还有更高层的框架和工具如 Django,Jython 等。

14.2.1 Python 的网络编程模块

表 14 - 2 - 1　Python 的网络编程模块

Python 模块	功　　能
poplib,imaplib,smtplib	POP,IMP(邮件提取)和 SMPT(邮件发送)协议模块
telnetlib	telnet 协议模块
html. parser,xml	解析网页内容(html 和 xml 文档)
xdrlib,socket	对二进制进行编码和 socket 模块
email	通过标题附件和编码解析和撰写电子邮件
mailbox	处理磁盘上的邮箱及其消息
socketserver	一般网络服务器框架
http. server	基于 http 服务器部署,以及简单服务器和 cgi 服务器的请求

14.2.2　套接字接口

套接字是计算机网络数据结构,它体现了"通信端点"的概念。套接字地址是主机-端口对,一个网络地址有主机和端口号对组成,主机即 IP 地址,端口的有效范围为 0~65535。

服务器端程序处理逻辑为:

(1) 在某一个端口上开启一个 TCP/IP 套接字。

(2) 监听来自客户端的消息,并发送一个应答。

(3) 这时一个简单的每个客户端一次 listen/reply 会话。

(4) 利用无限循环来监听更多的客户。

Python 基本套接字接口使用标准库的 socket 模块和高层面的 SocketServer 模块。

14.2.3　使用 socket 模块编程

【例 14 - 2 - 1】 服务器端示例代码

```
from socket import*
myHost='
myPort=50007
sockobj=socket(AF_INET,SOCK_STREAM)
sockobj. bind((myHost,myPort))

sockobj. listen(5)
while True：
    connection,address=sockobj. accept()
    print('Server connected by',address)
    while True：
    data=connection. recv(1024)
    if not data：
```

```
        break
    connection. send(b'返回=>'+data)
connection. close()
```

说明如下：

（1）sockobj=socket(AF_INET,SOCK_STREAM)。

创建一个 TCP 套接字对象。这里指定的参数是 AF_INET 和 SOCK_STREAM,AF_INET 表示该套接字对象遵循 IP 地址协议,SOCK_STREAM 意味着 TCP 传输协议。如果使用 UDP 无连接套接字,那么使用 SOCK_DGRAM.

（2）sockobj. bind((myHost,myPort))。

把套接字绑定到 IP 地址和端口,主机名和端口号就像区号和电话号码。

（3）sockobj. listen(5)。

开始监听客户端链接,并允许五个挂起的请求,对与大多数基于套接字的程序,值设为 5 就够用了,值最小为 1。

（4）connection,address=sockobj. accept()。

等待客户端的连接请求的发生,当客户端连接请求时,返回一个全新的套接字对象。connection 是新的套接字对象,address 是客户端的互联网地址。

（5）data=connection. recv(1024)。

接受客户端发送的消息,之多 1024 个字节

（6）connection. send(b'Echo=>'+data)。

服务器发送消息到客户端程序

（7）connection. close()。

关闭客户端链接

【例 14-2-2】 客户端程序

```
from socket import*
serverHost='localhost'
serverPort=50007

message=[b'Hello network world',b'how are you']
#u/U:表示 unicode 字符串
#r/R:非转义的原始字符串
#b:bytes

#连接到服务器的 IP 地址和端口
sockobj=socket(AF_INET,SOCK_STREAM)
sockobj. connect((serverHost,serverPort))
for line in message:
```

```
        print(line)
        sockobj. send(line)    #发送消息到服务器
        data=sockobj. recv(1024)    #接受服务器发来的消息
        print('Client received:',data)


sockobj. close()    #关闭套接字
sockobj=socket(AF_INET,SOCK_STREAM)    #创建客户端套接字对象
#连接服务器,打开一个连接到服务器与客户端端口的连接。
sockobj. connect((serverHost,serverPort))
#客户端套接字向服务器发送一个字节字符串消息
sockobj. send(line)
#读取服务器发送来的消息
data=sockobj. recv(1024)
#关闭与服务器的连接。
sockobj. close()
```

14.2.4 使用 socketserver 模块编程

socketserver 框架是一个基本的 socket 服务器端框架,使用了 threading 来处理多个客户端的连接。socket 不支持多并发,socketserver 最主要的作用就是实现并发处理。

socketserver 模块处理网络请求的功能,通过两个主要的类来实现:一个是服务器类,一个是请求处理类。服务器类处理通信问题,如监听一个套接字并接收连接等,请求处理类处理"协议"问题,如解释到来的数据、处理数据并把数据发回给客户端等。

1. 服务器类

socketserver 模块提供了五种服务器类:

- BaseServer(服务器的基类,定义了 API)
- TCPServer(使用 TCP/IP 套接字)
- UDPServer(使用数据报套接字)
- UnixStreamServer(使用 UNIX 域套接字,只适用 UNIX 平台)
- UnixDatagramServer(使用 UNIX 域套接字,只适用 UNIX 平台)

让 socketserver 能够并发处理,必须选择使用以下一个多并发的类:

- class socketserver. ForkingTCPServer
- class socketserver. ForkingUDPServer
- class socketserver. ThreadingTCPServer
- class socketserver. ThreadingUDPServer

ThreadingTCPServer 实现的 Soket 服务器内部会为每个 client 创建一个"线程",该线程用来和客户端进行交互。下面来阐述一下 ThreadingTCPServer 的处理流程。

（1）必须通过继承 BaseRequestHandler 类并重写 handle() 方法来创建请求处理程序类；这个方法将处理传入的请求。

（2）必须实例化其中一个服务器类，并将其传递给服务器的地址和请求处理程序类。

（3）调用服务器对象的 handle_request() 或 serve_forever() 方法来处理一个或多个请求。

（4）调用 server_close() 关闭套接字。

2. 请求处理类

seletor 模块提供了请求处理类 BaseRequestHandler。接收到来的请求以及确定采取什么行动，其中大部分的工作都是由请求处理类完成的。请求处理类负责在套接字层之上实现协议。具体过程为：读取请求、处理请求、写回响应。请求处理类基类中定义了 3 个方法，子类中需要重写。

- setup()——为请求准备请求处理器
- handle()——对请求完成具体的工作。诸如解析到来的请求，处理数据，并发回响应等
- finish()——清理 setup() 期间创建的所有数据

【例 14-2-3】 *服务器端示例代码*

```python
import socketserver

#从 BaseRequestHandler 继承
class Myserver(socketserver.BaseRequestHandler):

    #重写 handle 方法
    def handle(self):

        conn=self.request
        conn.sendall(bytes("你好,我是机器人",encoding="utf-8"))
        #循环监听(读取)来自客户端的数据
        while True:
            ret_bytes=conn.recv(1024)
            ret_str=str(ret_bytes,encoding="utf-8")
            if ret_str=="q":
                break
            conn.sendall(bytes(ret_str+"你好我好大家好",encoding="utf-8"))

server=socketserver.ThreadingTCPServer(("192.168.0.105",8080),Myserver)
#启动服务监听
server.serve_forever()
```

【例 14. 2. 4】 客户端示例程序

```python
import socket
obj=socket. socket()
obj. connect(("192. 168. 0. 105",8080))
ret_bytes=obj. recv(1024)
ret_str=str(ret_bytes,encoding="utf-8")
print(ret_str)

while True：
    inp=input("你好,请问您有什么问题？\n>>>")
    if inp=="q":
        obj. sendall(bytes(inp,encoding="utf-8"))
        break
    else：
        obj. sendall(bytes(inp,encoding="utf-8"))
        ret_bytes=obj. recv(1024)
        ret_str=str(ret_bytes,encoding="utf-8")
        print(ret_str)
```

14.2.5 独立实验

利用 socketserver 模块实现汉译英翻译机器人程序,客户端发送汉语单词给服务器,服务器返回该汉语单词的英文解释。